Drone

만화로 쉽게 배우는 드론

저자 / 나쿠라 신고(名倉 真悟)

BM (주)도서출판 **성안당**

日本 옴사 · 성안당 공동 출간

만화로 쉽게 배우는 드론

Original Japanese Language edition
Manga de Wakaru Drone
by Drone College, Shingo Nakura, TREND-PRO
Copyright © Drone College, Shingo Nakura, TREND-PRO 2019
Published by Ohmsha, Ltd.
This Korean Language edition co-published by Ohmsha, Ltd. and Sung An Dang, Inc.
Copyright © 2021
All rights reserved.

시작하는 말

'하늘을 난다.'

인류가 옛날부터 품어 온 꿈입니다. 라이트 형제가 하늘을 날고 나서 100여 년, 우리는 새로운 기술을 손에 넣었습니다.

바로 드론입니다.

드론은 취미뿐만 아니라 비즈니스 세계에서도 가장 주목받고 있는 기술입니다. 큰 가능성을 가지고 있어 새로운 비즈니스 모델이 등장할 것으로 기대하고 있습니다.

즐거울 뿐만 아니라 도움이 되고 비즈니스로서도 이용이 가능하다면 널리 보급이 될 것입니다. 드론 시장은 취미용 토이 드론부터 업무용 대형 드론까지 제조사도 기종도 점점 늘어나고 있으며 시장도 빠르게 급속도로 확대하고 있습니다.

간편한 토이 드론은 스마트폰 앱으로도 조작할 수 있고 구입한 날부터 누구나 원하는 대로 조종할 수도 있습니다.

이 얘기를 뒤집어보면 아주 무서운 것이라고도 할 수 있습니다.

인파 속에 드론이 추락해 하마터면 부상자가 나올 뻔하기도 하고, 비행장에 드론이 날아가 항공기 운항에 차질이 생기는 등 드론의 보급과 함께 사건사고가 끊이지 않고 있기 때문입니다.

안심할 수 있고 안전한 비즈니스를 위한 비행 공간 제한, 비행 방법 규제 등 드론 비행에 관한 법 정비가 진행되고 있습니다. 간편한 만큼 악용하기도 쉬우니 규제가 필요한 것은 당연한 흐름입니다.

하지만 규칙이 복잡해지면 드론 초보자에게 문턱이 높아지고, 그로 인해 시장이 정체되는 건 아닌지 걱정이기도 합니다.

저는 2016년에 일반사단법인 드론대학교와 온라인 살롱드론대학원을 설립해 전문가를 육성하고 건전한 이익 활용을 알리기 위해 노력해 왔습니다. 현재 수료생은 400명이 넘습니다.

학원 수강생뿐만 아니라 앞으로 드론을 다뤄보고자 하는 많은 분을 대상으로 드론에 대해서 가르치고 알리려면 명확한 교본이 필요하다는 생각에 이 책을 출간하였습니다.

"이 조작은 초보자에게는 어려울까?" "이렇게 전하면 알기 쉬울까?" "이 순서로 가르치면 이해가 빠르겠군!" 지금까지 경험한 모든 것을 이 책에 쏟아부었습니다.

마지막으로, 저를 지지해 주신 많은 수료생과 수강생 여러분 그리고 강사와 스태프 여러분에게 이 자리를 빌려 깊이 감사드립니다. 또한, 이 책의 출판에 임해 막대한 조력과 지도를 해 주신 릿쿄대학 비즈니스 스쿨의 다나카 미치아키 교수에게 감사의 말씀을 드립니다. 만화를 제작해 주신 시나리오 라이터 호시이 히로후미 님, 그림 후카모리 아키 님, 트렌드 프로 님, 그리고 출판을 해준 주식회사 옴사에도 정말 많은 신세를 졌습니다. 감사합니다.

본서가 새로운 드론 비즈니스를 발굴하고 여러분이 현장에서 활약하는 데 도움이 되기를 바랍니다.

2019년 11월
일반사단법인 드론대학교
대표이사 나쿠라 신고

* 이 책에 나오는 드론 관련 법은 일본의 내용입니다. 국내의 드론 관련 법과 다를 수 있음을 밝힙니다.

목차

프롤로그 드론의 등장 ·· 1

제1장   드론 기초 지식 ·· 13

1. 드론은 항공기, 반드시 '항공법'을 지켜야 한다 ····························· 34
2. 국내의 드론 관련 법 ·· 35
3. 어느 제조사의 드론이 뛰어난가 ··· 36
4. 프로펠러 수는 왜 드론에 따라 다른가 ··· 37
5. 드론의 역사 ··· 41
6. 드론의 주요 기종 ··· 43
7. 드론의 구조 ··· 46

제2장   드론을 조종하기 위해서는 ·· 51

1. 비행 전후의 점검은 법령상 의무 ··· 80
2. 사전 답사는 반드시 하자 ··· 81
3. 바람과 비는 드론의 적 ·· 82
4. GPS는 만능인가 ·· 85
5. 법령과 규칙은 반드시 알아두자(일본) ··· 87
6. 승인과 허가가 필요한 비행(일본) ·· 96

제3장   드론 조종사가 되려면 ·· 101

1. 비행 예정 정보를 사전에 정리하고 확인하자 ····························· 122
2. 안전한 운항에 꼭 필요한 브리핑 ··· 123
3. 비행 중 주의사항 ··· 136
4. 캘리브레이션(Calibration)은 정기적으로 실시하자 ···················· 139
5. 안전한 운행을 위해 ··· 142

v

| 제4장 | 드론 비즈니스 전망 | 147 |

1. 드론 비즈니스 시장 규모 ·· 168
2. 큰 성장이 기대되는 점검 분야 ·· 170
3. 오랜 실적이 있는 농업 분야에서의 드론 활용 ······································· 172
4. 기대가 높아지는 물류 분야에서의 드론 활용 ··· 175
5. 사회적 공헌도가 높은 여러 분야에서의 드론 활용 ································ 176
6. 비약적으로 정밀도가 높아지는 토목·건축 분야에서의 드론 활용 ········· 178
7. '항공법' 등의 규제가 적은 실내에서의 드론 활용 ································· 179
8. 틈새시장이지만 사회공헌도가 높은 방범 분야에서의 드론 활용 ·········· 180
9. 항공 촬영 분야에서의 드론 활용 ·· 180
10. 드론을 사용한 새로운 비즈니스를 생각할 때는 정부 정책도 참고하자 ··· 182
11. 하늘을 나는 택시에 대한 계획 ·· 182

부록 일본의 2019년 항공법 및 항공법 시행규칙 전면 개정 포인트 해설 ············ 189

프롤로그

드론의 등장

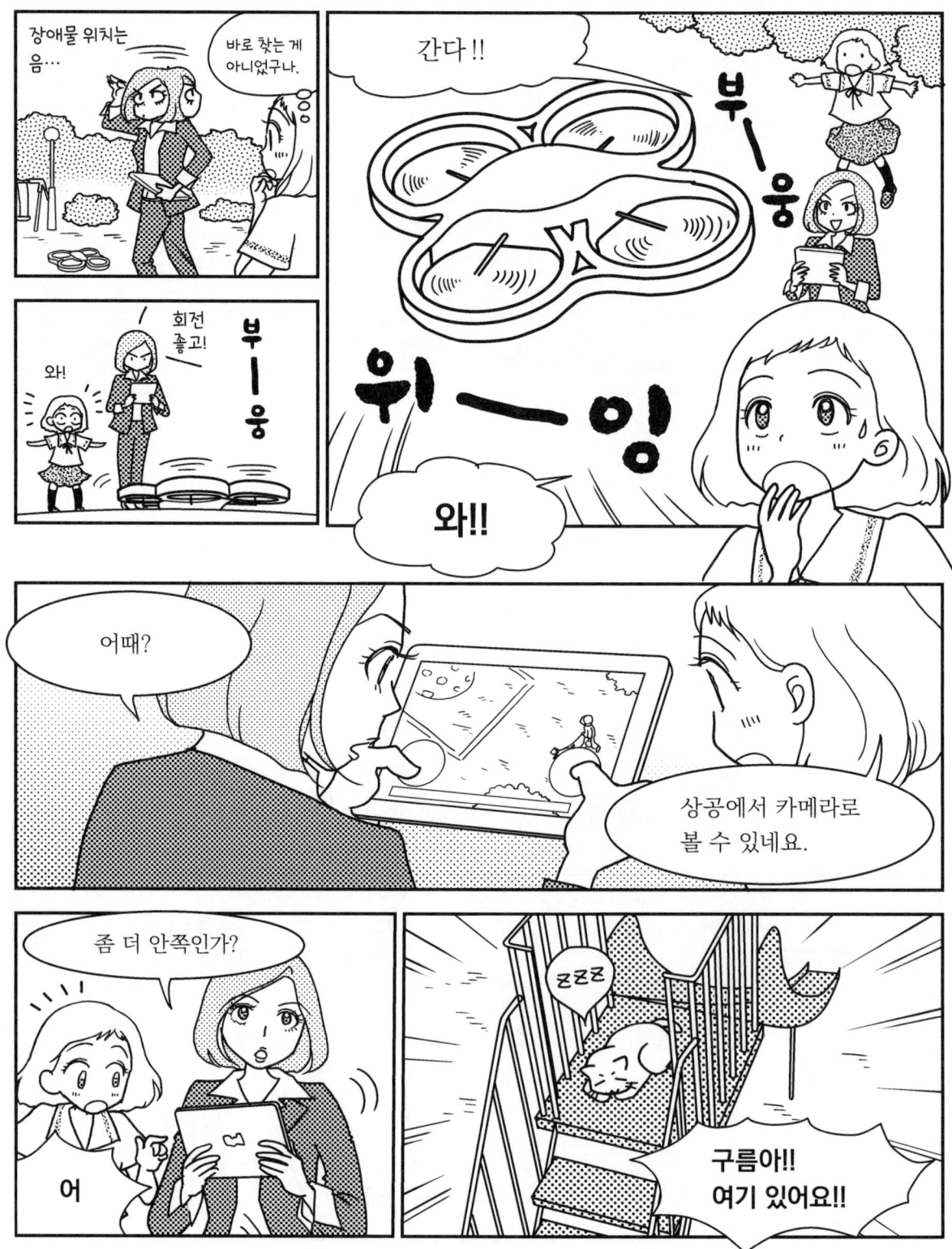

드론!?

그때 공원에서 본…

드론은 가능성이 무궁무진

좋아!

이거다!!

다음 날

탁!

사직서

좋아 내 발로 직접 나가주겠어.

이바 하늘 씨-!?

짜—안!

드론 DRONE

드론

샀다—♪

이걸로

그녀처럼 될 거야!!

제1장

드론 기초 지식

그럼 그 일 하나가 계기가 됐단 말인가요?

음…. 한 걸음 나아갈 용기를 얻었으니까….

그럼 이 회사가 생긴 건 제 덕인 셈이네요.

뭐?

글쎄 그렇잖아요. 제가 없었으면 이 회사도 없었을 거잖아요.

그건 그렇긴 하지만…

저도 용기를 내서 앞으로 한 발짝 내디뎠단 말이에요.

!

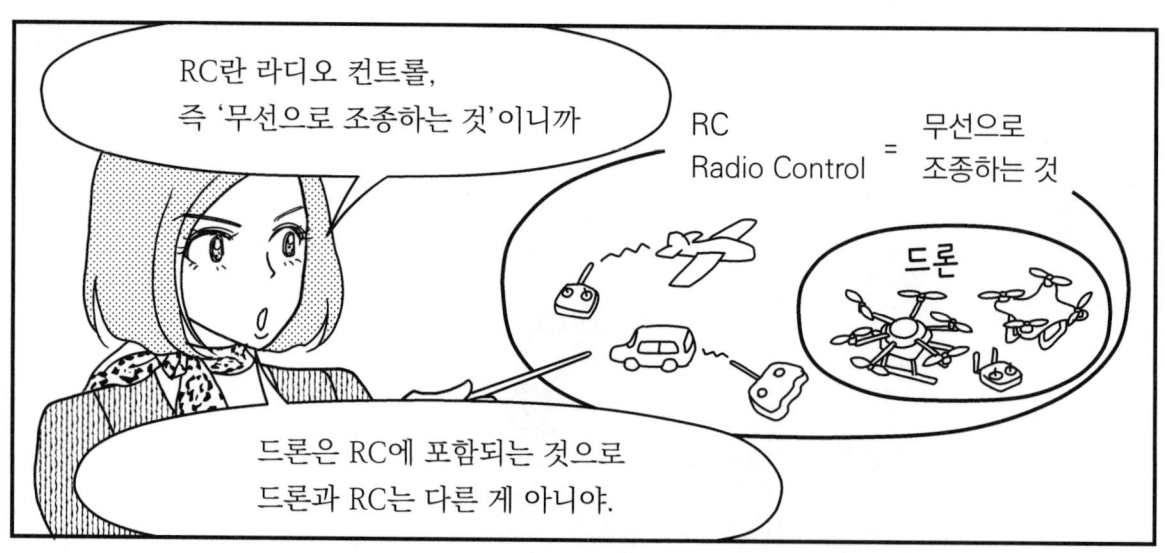

맞아 드론은 사전에 계획한 루트를 자율비행할 수도 있어.

설정 A→B

오오—

이처럼 편리하니까 여러 일에 드론이 쓰이는 거야.

배송

점검

촬영

농약 살포

드론은 정말 하이테크네요!

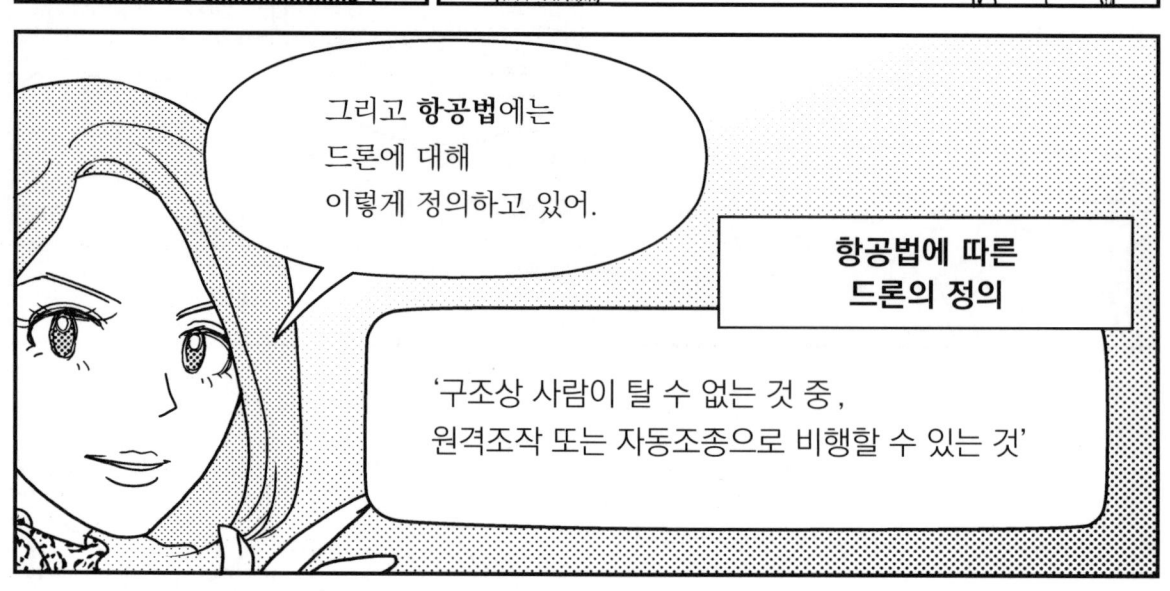

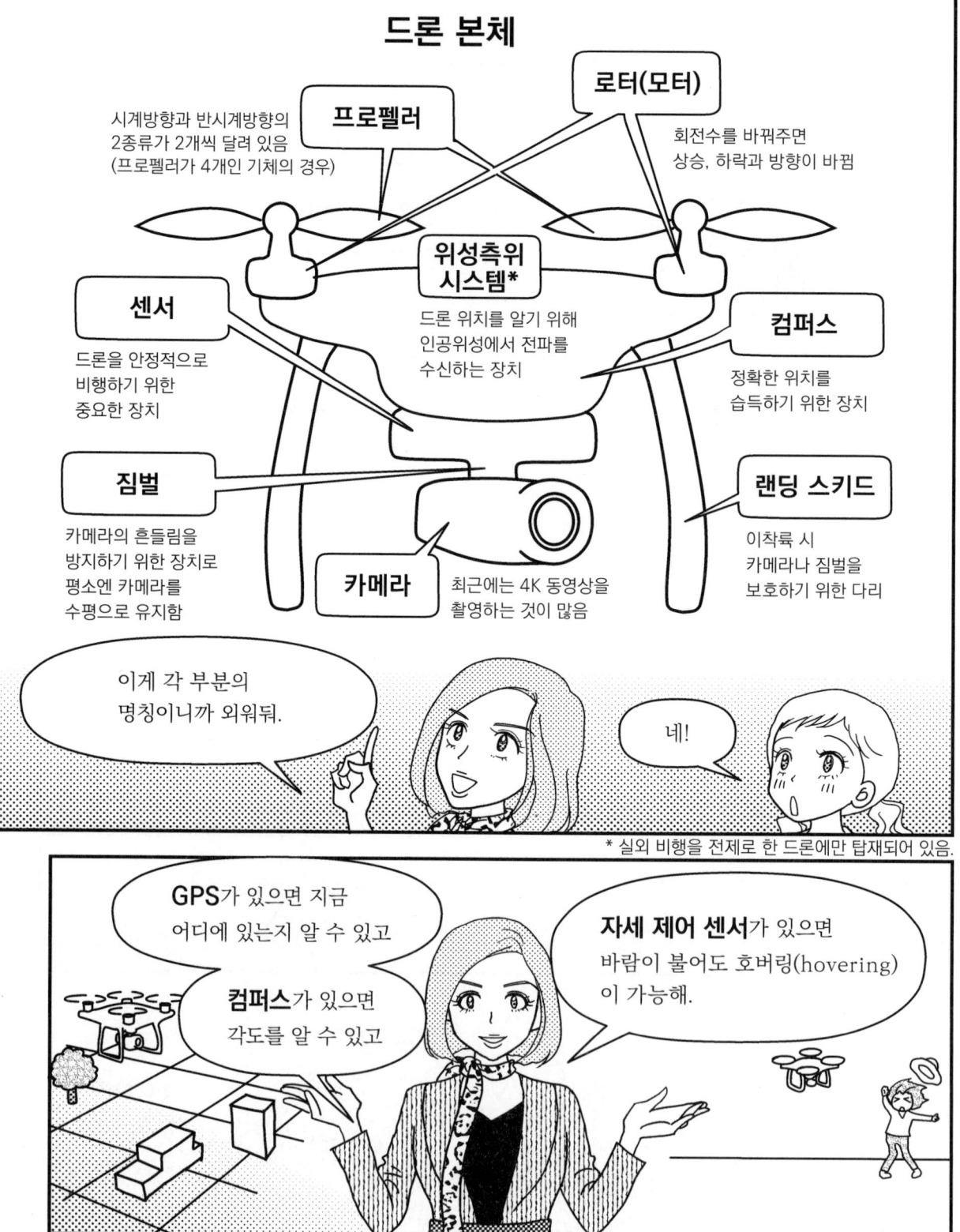

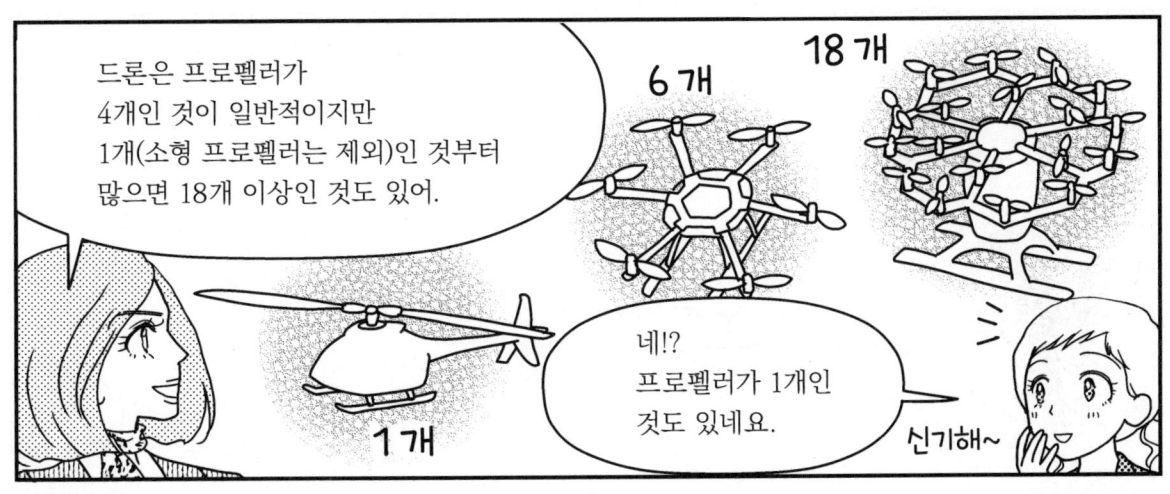

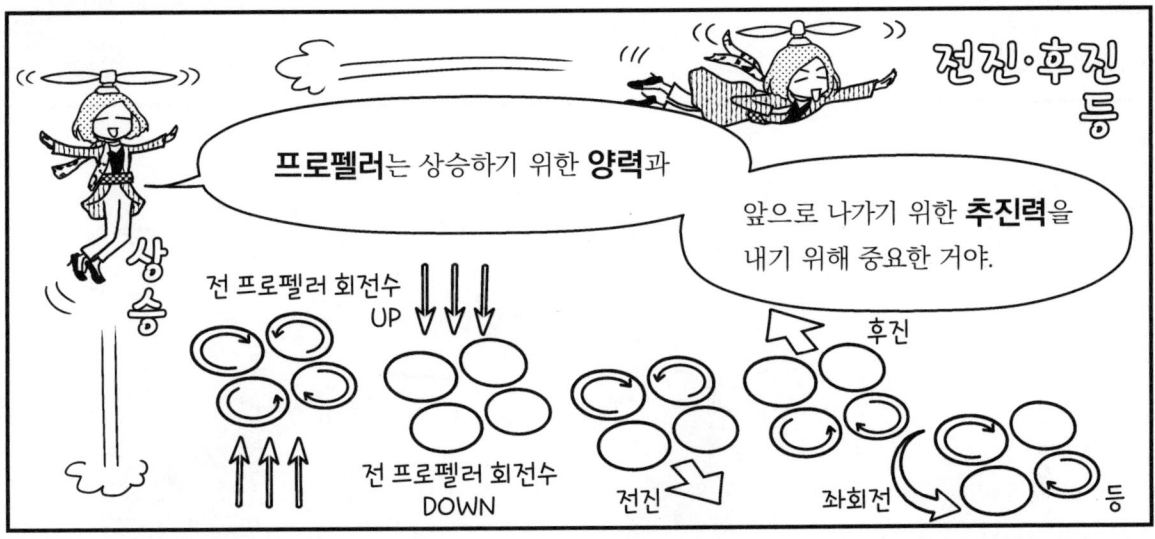

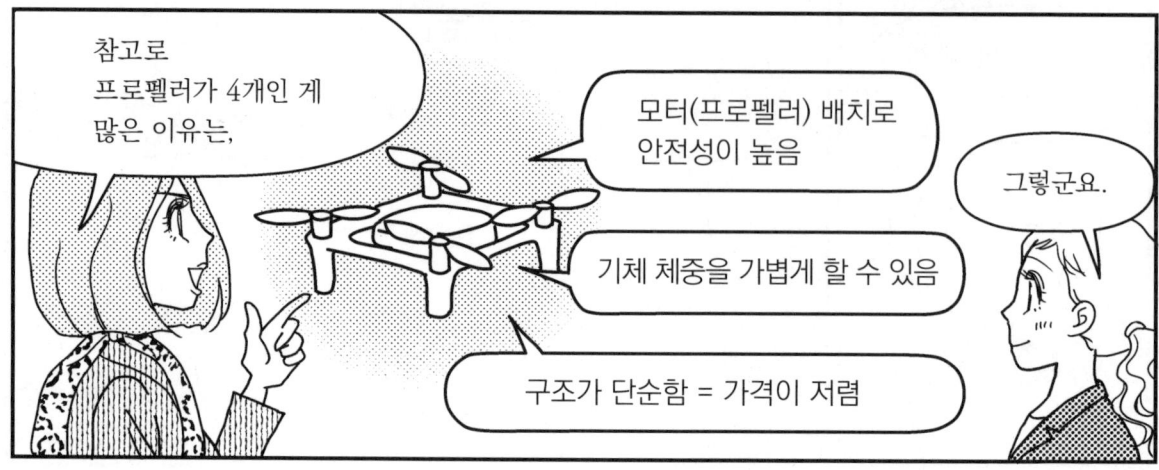

드론에 관련한 주요 법률만 해도 이렇게나 많아.

소형무인기등비행금지법 ← 지정비행금지장소에 대해

항공법 ← 허가가 필요한 비행장소와 승인이 필요한 비행 방법에 대해

도로교통법 ← 이착륙과 조작에 도로를 사용할 경우에 대해

개인정보보호법 ← 촬영 데이터를 다루는 방법 등에 대해

민법 ← 타인의 토지에서 비행할 경우에 대해

전파법 ← 면허가 필요한 전파대(電波帶)에 대해

지자체 조례 ← 지역 규칙

1. 드론은 항공기, 반드시 '항공법'을 지켜야 한다

드론(무인항공기)은 '항공법'(제2조)에 다음과 같이 정의되어 있다.

> **항공법(1952년) (1952년 법률 제231호, 2019년 6월 19일 개정) (일본)**
>
> **제2조** 본 법률에서 '항공기'란 사람이 탈 수 있고 항공용으로 제공할 수 있는 비행기, 회전익 항공기, 활공기, 비행선 및 기타 정령으로 정하는 기기를 말한다.
> (중략)
> 22 본 법률에서 '무인항공기'란 항공용으로 제공할 수 있는 비행기, 회전익 항공기, 활공기, 비행선, 기타 정령으로 정하는 기기로서 구조상 사람이 탈 수 없는 것 중 원격조작 또는 자동조종(프로그램으로 자동적으로 조종하는 것을 말함)에 의해 비행하게 할 수 있는 것(그 중량, 기타 사유를 감안하여 항공기 항행의 안전, 지상 및 수상자와 물건의 안전이 손상될 우려가 없는 것으로서 국토교통성령으로 정하는 것을 제외함)을 말한다.

미국 연방 항공국(FAA: The Federal Aviation Administration)에서는 드론을 'Unmanned Aircraft Systems(UAS: 무인 항공기 시스템)'라고 하는데, 거의 일본 국내 '항공법'과 같은 정의라고 볼 수 있다. 여기서 말하는 사람을 '오퍼레이터(조종사)'로 해석하면 드론(무인항공기)의 정의는

> 원격조종 또는 자동조종 비행을 하는 조종사가 탑승하지 않는 항공기

라고 해석할 수 있다. 즉, 드론은 조종사가 타지 않는다는 점에서 다르지만 대형 항공사가 운용하는 여객기나 전쟁에 사용하는 전투기와 같은 '항공기'이다. 그래서 드론은 '항공법'을 지켜서 조종하고 이용해야 한다.

2. 국내의 드론 관련 법

우리나라에서는 드론을 초경량비행장치 중 무인비행장치로 분류하고 있다. 2017년 3월 30일까지 드론은 항공법의 분류를 받았지만, 폐지된 이후부터는 항공안전법, 항공사업법 및 공항시설법이 드론을 규제하고 있다.

> 「드론 활용의 촉진 및 기반조성에 관한 법률(약칭: 드론법)」 [시행 2020. 5. 1.] [법률 제16420호, 2019. 4. 30., 제정]
>
> **제1조(목적)** 이 법은 드론 활용의 촉진 및 기반조성, 드론시스템의 운영·관리 등에 관한 사항을 규정하여 드론산업의 발전 기반을 조성하고 드론산업의 진흥을 통한 국민편의 증진과 국민경제의 발전에 이바지함을 목적으로 한다.
>
> **제2조(정의)** ① 이 법에서 사용하는 용어의 뜻은 다음과 같다.
>
> 1. "드론"이란 조종자가 탑승하지 아니한 상태로 항행할 수 있는 비행체로서 국토교통부령으로 정하는 기준을 충족하는 다음 각 목의 어느 하나에 해당하는 기기를 말한다.
>   가. 「항공안전법」 제2조제3호에 따른 무인비행장치
>   나. 「항공안전법」 제2조제6호에 따른 무인항공기
>   다. 그 밖에 원격·자동·자율 등 국토교통부령으로 정하는 방식에 따라 항행하는 비행체
> 2. "드론시스템"이란 드론의 비행이 유기적·체계적으로 이루어지기 위한 드론, 통신체계, 지상통제국(이·착륙장 및 조종인력을 포함한다), 항행관리 및 지원체계가 결합된 것을 말한다.
> 3. "드론산업"이란 드론시스템의 개발·관리·운영 또는 활용 등과 관련된 산업을 말한다.
> 4. "드론사용사업자"란 타인의 수요에 맞추어 드론을 사용하여 유상으로 운송, 농약살포, 사진촬영 등의 업무를 수행할 목적으로 「항공사업법」 제2조제23호에 따른 초경량비행장치사용사업 등 국토교통부령으로 정하는 사업을 영위하는 자를 말한다.
> 5. "드론교통관리"란 드론 비행에 필요한 각종 신고·승인 등 업무의 지원 및 비행에 필요한 정보제공, 비행 경로 관리 등 드론의 이륙부터 착륙까지의 과정에서 필요한 관리 업무를 말한다.

3. 어느 제조사의 드론이 뛰어난가

드론에도 여러 종류가 있다. 우선 용도별로는
① 군사·방위용(대표 기종: General Atomics Predator RQ-1)
② 취미용(대표 기종: DJI MAVIC 2 PRO)
③ 상업용(대표 기종: PF1)

의 세 가지로 나눌 수 있다.

드론은 원래 ①의 군사·방위용을 목적으로 탄생하고 발전해 왔다. 자국 조종사를 위험에 노출하지 않고 적을 정찰, 공격하기 위해서이다. 실제로 1990년 걸프전 이후 드론을 이용한 정찰과 폭격은 본격화되고 있다. 하지만 최근 크게 주목받고 있는 분야는 ②, ③이다. 중국 심천에 본사를 두고 있는 DJI를 필두로 프랑스에 본사를 둔 Parrot(패럿)사나 미국 캘리포니아주 버클리에 본사를 둔 3D Robotics(3D 로보틱스)사 등이 취미용이나 상용에 사용되고 있는 드론의 대표적인 제조사이다.

제조사마다 각각 특징이 있으며 DJI는 글로벌 멀티콥터의 선도기업으로서 70%가 넘는 시장점유율을 확보하고 있으나, 넓은 범위의 촬영을 하는 용도에서는 Parrot 그룹의 sense Fly(센스 플라이) 제품인 eBee(이비, 고정익형), 물류 분야나 안전한 운항이 필요한 점검 분야 등에서는 페이로드(적재중량)에 맞추어 기체를 수주 연구·생산하는 일본 국내의 ㈜자율제어시스템 연구소(ACSL)와 ㈜프로드론(Prodrone Co., Ltd) 등의 제품도 기대를 모으고 있다.

4. 프로펠러 수는 왜 드론에 따라 다른가

드론의 기체 형상은 세 가지이다.

① 싱글로터형(로터가 1개 = 양력을 생성하는 프로펠러가 1개, 회전익)

② 멀티콥터형(로터가 여러 개 = 양력을 생성하는 프로펠러가 여러 개, 회전익)

③ VTOL형(Vertical Take-Off and Landing Aircraft : 수직이착륙기, 고정익과 회전익의 특징을 모두 가지고 있음)

또한, 멀티콥터형은 로터(즉, 모터)의 개수에 따라

트라이콥터	→	프로펠러 3개
쿼드콥터	→	프로펠러 4개
헥사콥터	→	프로펠러 6개
옥토콥터	→	프로펠러 8개

로 분류할 수 있다.

   같은 프로펠러를 사용하는 것이라면 프로펠러 개수가 많을수록 양력이 커진다. 따라서 만약 시네마 카메라 등 무거운 장비를 싣는다면 프로펠러가 많은 기체 쪽이 여러 변수에도 강하다.

   한편, 프로펠러 개수가 적은 기체는 구조가 심플해지는 만큼 가격이 저렴하여 효율적인 비행이 가능하다.

● 싱글 로터형의 예: YAMAHA FAZER R:L31
 (사진 제공: 야마하발동기㈜)

● 트라이콥터의 예(프로펠러 3개): YI Technology Erida
 (YI Technology Web 사이트에서 인용)

● 쿼드콥터의 예(프로펠러 4개): DJI Mavic 2 Pro
(사진 제공: DJI JAPAN㈜)

● 헥사콥터의 예(프로펠러 6개): ACSL PF1
(사진 제공: ㈜자율제어시스템연구소)

● 옥토콥터의 예(프로펠러 8개): DJI AGRAS MG-1P RTK
(사진 제공: DJI JAPAN㈜)

● 옥토콥터의 예(프로펠러 8개): YMR-08 : L80
(사진 제공: 야마하발동기㈜)

● VTOL형: Aerosense AS-DT01-E
(사진 제공 : 에어로센스㈜)

5. 드론의 역사

드론의 발전사를 보면 드론의 필요한 구조, 사용 목적, 기타 특징이 보인다.
역사상 최초로 사람이 타지 않는 항공기=드론은 1918년 개발된 케터링 버그(Kettering Bug)라는 설이 유력하다.

① 케터링 버그

케터링 버그는 제1차 세계대전 중인 1918년에 제조된 무인 비행 폭탄이다.
목재와 피복으로 만들어진 동체에 대량생산품의 엔진을 탑재했을 뿐이지만, 사전에 목표지에 도달하는 데 필요한 엔진 회전수를 계산해두고, 적산 회전계가 그 값에 도달하면 엔진이 정지하고 날개를 고정하는 볼트가 빠져 추락, 이 충격으로 탑재되어 있는 180파운드(약 81kg)의 폭약이 폭발하는 구조였다.

② 드 하빌랜드 DH.82B Queen Bee

드 하빌랜드 DH.82B Queen Bee는 1935년에 제조된 군사 훈련용 가상 적기이다.

유인 연습기인 하빌랜드 DH.82 타이거 모스를 개조하여 후방 조종석에 무선제어 공기압 서보 유닛을 탑재, 이를 사용해 조종간을 조종하여 무인비행을 가능케 하였다.

③ BQ-7

BQ-7은 제2차 세계대전에서 미국 육군의 주력 폭격기였던 B-17 폭격기를 바탕으로 한 것이다. 이 BQ-7의 통칭이 드론이며, 지금까지 계승되고 있다. BQ-7은 제2차 세계대전 유럽 전선의 '아프로디테 작전'에서 고성능 폭약을 탑재하여 돌격하는 임무를 받았다.

그래서 기체의 상태를 확인하고, 그에 근거해 조작할 필요가 있으므로 텔레비전 카메라와 무선 통신이 탑재되었다.

그러나 BQ-7에는 폭약의 안전장치를 원격으로 해제할 수 없다는 큰 결함이 있었다.

④ RQ-1 프레데터

시대는 흘러 1995년, 실전에서 활약하는 드론이 나타났다.

바로 RQ-1 프레데터이다. RQ-1의 R은 정찰(Reconnaissance), Q는 무인기를 뜻하는 미국 국방부 기호이고, 1은 무인 정찰 항공기의 첫 번째 작품임을 의미한다.

이후 성능이 개선되어 무기 탑재가 가능해짐에 따라 2005년 R에서 다용도를 의미하는 M(Multi)으로 명칭을 변경해 MQ-1이 되었다.

이처럼 드론에는 나는 기능, 기체를 제어하는 기능, 원격조종할 수 있는 기능, 그리고 비행 이외의 목적을 완수하고 귀환하는 기능 등이 필요하다는 것을 알 수 있다.

6. 드론의 주요 기종

먼저 현재 크게 발전하고 있는 취미용과 상업용 드론의 주요 제조사에 대해 알아보자. 1989년에 오사카부 오사카시에 본사를 둔 ㈜키엔스가 발매한 '자이로소서 E-170'이 우리가 '드론'이라고 부르는 세계 최초의 무인항공기라는 설이 유력하지만, 세계적으로 히트한 첫 '드론'은 2010년에 발매된 프랑스 Parrot(패럿)사 제품인 AR.Drone(에이알 드론)이며, 그 2년 후인 2012년에 발매된 중국의 DJI(디제이아이)사의 Phantom(팬텀)이다.

(1) 에이알 드론(AR. Drone)

에이알 드론(AR. Drone)은 6축 자이로 탑재, 초음파 센서에 의한 고도 계측 등의 기능을 탑재해 안정적인 비행이 가능하고, 스마트폰이나 태블릿을 컨트롤러로 사용하면 모니터를 기울이는 등의 직관적인 조작으로 자유자재로 조정할 수 있다. 또한 FPV 비행(기수와 저부에 탑재한 카메라의 영상을 화면에서 보면서 비행)도 가능하고, 발포 폴리프로필렌(EPP)제의 haru(프로펠러 가드)를 부착하면 옥내에서도 안전하게 비행할 수 있는 특징이 있어 발매 이후 전 세계적으로 보급됐다.

매년 획기적인 모델 체인지가 이루어지고 있어 카메라의 성능, 비행시간, 비행 성능 등이 비약적으로 향상하고 있다. 또한, 에이알 드론 사용자 커뮤니티 '에이알 드론 아카데미'에 등록하면 전 세계 에이알 드론 운영자와 영상 및 비행 데이터를 공유할 수 있고, 자신의 비행 경로를 3D로 기록하고 표시하는 획기적인 서비스도 이용할 수 있다.

에이알 드론에 이어 공중촬영을 메인으로 설계된 비밥 드론(Bebop Drone)을 출시하였다.

비밥 드론은 2.4GHz·5GHz 양쪽 모두를 사용할 수 있고(일본에서는 5GHz 사용에는 면허가 필요) 조작 범위(통신 거리)는 2㎞, 게다가 기체 전방에 1,400만 화소의 어안 렌즈 장착 카메라가 탑재되어 180°의 넓은 시야에서 동영상 촬영이 가능하다.

참고로 고정익형 드론인 '이비(eBee)' 등을 생산·판매하는 센스플라이(senseFly)사는 패럿 그룹의 상용(비즈니스) 드론 자회사이다. 센스플라이사는 현재 드론을 이용한 매핑의 리더라 볼 수 있다.

(2) 팬텀(Phantom)

팬텀(Phantom)은 저렴한 가격으로 드론을 보급하는 데 큰 역할을 하였지만, 처음에는 기체 중량 약 1kg, 연속 비행시간 약 10분, 액션캠 '고프로(GoPro)'를 달 수 있는 자리가 기체에 장착되어 있는 게 고작이었다.

그러나 곧 출시된 팬텀 2(Phantom 2)에서 각종 성능이 크게 향상되었다. 연속 비행시간은 약 25분, 고정밀 비행과 안정적인 호버링이 가능해져 자동 귀환, 자동 착륙도 가능해졌다. 또한, 원활한 공중촬영에 빠뜨릴 수 없는 짐벌도 장착할 수 있게 되었다. 그리고 팬텀 2로 인해 드론을 사용한 공중촬영이 순식간에 세상에 퍼지게 되었다.

그 후로도 팬텀의 성능은 해마다 향상되어 팬텀 4(Phantom 4)에서는 전방 카메라로 장애물을 자동 회피하는 비행도 가능하게 되었으며, 송신기 버튼을 누르면 동영상의 '녹화·정지'나 사진의 셔터를 누를 수 있고, 송신기 다이얼을 돌리면 카메라의 틸트(각도)도 바꿀 수 있다.

팬텀 시리즈를 출시하는 DJI사는 소형 스파크(Spark), 매빅(Mavic) 시리즈를 비롯하여 대형 인스파이어(Inspire) 시리즈와 전문가를 위한 매트릭스(Matrice) 시리즈 등 다양한 라인업을 갖춘 멀티콥터의 세계적인 선도기업이다. 본사는 중국의 실리콘밸리로 불리는 심천(深圳)에 있다.

(3) ACSL

2018년 일본 드론 제조사 최초로 도쿄증권거래소 마더스시장에 신규 상장한 ㈜자율제어시스템연구소(ACSL)는 2013년 11월 치바대학의 노나미 켄조 특별교수 연구실에서 1998년부터 개발해 온 완전 자율형 드론 기술을 응용하여 일본의 새로운 하늘 산업을 창출하기 위해 시작한 기업이다.

'ACSL-PF1'은 다양한 커스터마이즈가 가능하고 고해상도 카메라와 짐벌을 탑재하면 점검에, 캐처를 탑재하면 물류에, 살포 장치를 탑재하면 농업에, 레이저 센서나 계측 기기를 탑재하면 측량에 이용이 가능한 식으로 모든 용도에 대응하는 플랫폼 기체이다. 유선 충전 시 100시간 연속 구동 시험에서도 부품 고장이 없는 높은 내구성을 자랑하며 완전자율비행을 통한 이착륙을 실현하여 이륙·루트 비행·착륙 모든 것을 자율적으로 수행할 수 있다.

(4) YMR

일본 농림수산성의 외곽단체인 일반사단법인 농림수산항공협회에서는 농약 살포 방법을 개선하기 위해 드론을 이용한 농약 살포를 목표로 이미 1980년경부터 RCASS (Remote Control Splay System)기를 연구하고 있었다. 당초 이중반전로터식 무인헬기를 자체 개발했으나 이후 야마하발동기㈜가 제작을 수탁, 세계 최초의 본격적인 산업용 무인헬기를 개발한다. 그러나 구조가 복잡하고 총중량이 100kg을 넘는 데다 조종 안정성도 충분하지 않고, 비용도 비싸서 실용화에는 이르지 못한 채 1988년 3월에 이 연구는 종료하게 된다.

야마하발동기는 RCASS의 연구 개발과 병행해 1985년경부터 모형 헬리콥터 업계 대기업인 히로보㈜와의 협력 체제 아래 테일 로터가 있는 무인 헬리콥터 개발 프로젝트를 시작해 1987년에 야마하 산업용 무인 헬리콥터 제1호인 모델 'R-50(L09)'를 완성한다.

페이로드(유효 적재량) 20kg을 가진 본격적인 약제 살포용 무인 헬리콥터로는 야마하발동기가 완성한 에어로 로봇·야마하 'R-50'이 세계 최초이다.

그 후도 개량을 거듭하여 현재, 야마하 산업용 멀티 로터 'YMR-08'은 세계에서 활약하고 있다.

7. 드론의 구조

(1) 드론은 왜 나는가?

사람이 타는 헬리콥터도 드론도 나는 원리는 모두 같다. 로터가 회전하면 프로펠러가 돌고 프로펠러 윗면과 아랫면에서 기압의 차이가 생긴다. 프로펠러 윗면 쪽이 아랫면 쪽보다 기압이 낮아지도록 하면 프로펠러를 위로 끌어당기는 힘(양력, 수직으로 위쪽으로 작용하는 힘)이 생기는데, 이로 인해 기체가 뜨게 된다.

또한, 복수의 프로펠러를 조합하여 그것들을 움직이는 로터의 회전수를 각각 변화시킴으로써 상승/하강, 전진/후진·좌/우의 움직임이 가능하게 된다. 실제로 비행 중 드론의 프로펠러를 잘 살펴보면 이웃한 프로펠러끼리 역방향으로 회전하고 있는 것을 알 수 있다.

드론은 전진할 때 약간 앞으로 기울면서 비행한다. 또한 좌우로 이동할 때도 역시 진행 방향으로 기울어진다. 이것은 진행 방향의 회전수를 떨어뜨렸기 때문이다. 선회하는 경우는 로터가 4개인 기종에서는 X 표시가 되어 있는 어느 한쪽의 대각선상에 있는 프로펠러의 회전수를 낮춘다.

(2) 드론이 움직이는 원리

　드론은 프로펠러를 돌리는 로터(모터)에 따라 움직이는데, DJI 팬텀 시리즈 등의 멀티콥터형 드론에 탑재된 로터를 브러시리스 모터라고 한다.

　브러시리스 모터는 이름 그대로 브러시가 없다. 반면, 학교 이과 수업에서 배운 것 같은 브러시 모터는 브러시와 커뮤테이터가 접촉하면서 돌기 때문에 사용하는 동안 마모된다. 하지만 브러시리스 모터는 전자 회로(드라이버)를 사용하고 있어서 유지·보수의 수고를 줄일 수 있다. 더욱이 브러시리스 모터라면 홀 IC라고 불리는 자기 센서를 사용하여 상태를 상시 확인할 수 있으므로 안정적으로 속도를 제어하고, 과부하가 되었을 경우나 케이블의 접속 불량, 단선 등의 이상이 발생했을 때는 정지시키는 동시에 알람 신호를 보낼 수 있는 등 높은 안전성을 지니고 있다. 이외에도 넓은 속도 제어 범위, 플랫 토크, 하이 파워 등의 장점도 있다.

　로터에 신호를 보내는 것은 ESC(Electric Speed Controller, 전자속도제어장치)라고 불리는 부품이다. ESC는 로터의 회전수를 제어하기 위한 부품으로 원칙적으로 드론에는 로터와 같은 수만큼 ESC가 탑재되어 있다.

　ESC의 출력 측에는 로터를 회전시키기 위한 전류를 흘려보내는 3개의 케이블이 있으며, 이 3개의 케이블에서 로터의 회전자 위치에 따라 방향과 크기를 바꾼 전류를 흘려 로터를 계속적으로 회전시킨다. 즉, 브러시리스 모터에서는 ESC가 브러시 모터의 정류자와 브러시의 역할을 담당하고 있는 것이다.

　이에 반해 ESC의 입력 측에는 전원의 플러스와 마이너스 단자, FC(Flight Controller, 비행 컨트롤러)로부터 신호를 받기 위한 신호선 총 3개의 케이블이 있다. 그리고 FC에 자이로센서, 가속도센서, 기압센서, 초음파센서, 자기방위센서, GPS 등 기체를 제어하기 위한 정보를 수집하는 장치가 연결되어 있다.

(3) 드론의 센서

① 자이로센서와 가속도센서

자이로센서는 기체가 기울었을 때 각도의 양을 계산하는, 기체의 안정화에 필수인 센서이다. 반면, 가속도센서는 자이로센서와 비슷하지만 속도를 검출하기 위한 센서이다. 자이로센서와 가속도센서를 조합하면 '기울어진 상태'와 '속도'의 양쪽의 변화량을 계산할 수 있으며, 이로 인해 기체의 기울기를 반대 방향으로 제어할 수 있게 되어, 드론을 평행하게 하고 안정된 호버링이 가능하다. 즉, 자이로센서와 가속도센서는 드론의 자세 유지를 위한 중요한 센서이다.

② 기압센서와 초음파센서

기압센서는 고도가 높아지면 그에 반해 낮아지는 기압의 변화를 검출하고 드론의 고도를 유지하기 위한 센서이다. 어디까지나 기압을 측정하는 것이므로 돌풍 등에 의한 기압 변화에는 기능하지 못하는 경우도 있다.

초음파센서는 초음파가 튕겨 나오는 것을 고도 제어에 이용하기 위한 것이다. 기압센서로는 드론을 무사히 이착륙시키기 위해 중요한 지상 부근에서의 고도와 관련된 정보를 충분히 수집할 수 없기 때문에 초음파센서를 사용한다. 상공에서는 기압센서, 지상 부근에서는 초음파센서, 이 두 가지의 센서를 사용해서 전 고도 영역에 걸쳐 고도를 유지할 수 있다.

③ 자기방위센서와 IMU

자기방위센서는 나침반이라고도 불리는 것으로, 지구의 자기(지자기)를 이용하여 드론이 동서남북의 어느 방향을 향하고 있는지를 검출한다. 그러나 지자기가 나타내는 북(자북)은 지도의 북과는 어긋나 있고 게다가 그 차이(편각)는 장소나 시간에 따라서 다르다. 예를 들면, 삿포로에서는 자북의 방향이 지도의 북쪽보다 약 9°서쪽으로 어긋나지만, 나하에서는 그 차이는 약 5°가 된다(일본 국토지리원 홈페이지에서 인용). 따라서 드론을 비행시키는 장소를 변경할 때는 '컴퍼스 교정'을 진행해서 자기방위센서가 나타내는 북과 실제의 북 사이의 차이를 조정(교정)할 필요가 있다.

④ IMU(Inertial Measurement Unit, 관성측정장치)

GPS는 전(全) 지구 위성 파악 시스템(GNSS: Global Navigation Satellite System)의 하나로 미국의 위성 시스템이다. 그리고 자동차 내비게이션 시스템이나 스마트폰 위치정보 서비스에서도 사용되는 것처럼 GPS 전파를 수신하면 드론의 기체 위치정보를 검출할 수 있으며 위도와 경도를 설정해 자동 비행시키거나 정위치를 유지한 상태에서 호버링을 시킬 수도 있다. 이것을 '위성 측위 시스템'이라고 하며, 야외에서 사용하는 것을 전제로 하는 드론에는 이 수신기가 붙어 있다. 그러나 자동차의 내비게이션도 터널 등에서 가끔 위치를 파악할 수 없는 것과 마찬가지 오류가 드론에서도 GPS 사용 시 발생한다. 따라서 안전한 운항을 하기 위해서는 항상 GPS의 전파 수신 상황에 신경을 쓰는 것이 중요하다.

팬텀 등 일부 멀티콥터형 드론에서는 GPS뿐만 아니라 러시아의 위성 시스템인 GLONASS도 동시에 수신하여 기체의 위치정보를 검출하고 있다.

이러한 기체의 자세 제어를 시행하는 센서를 총칭해서 IMU(관성측정장치: Inertial Measurement Unit)라고 한다.

'IMU 에러가 표시되었다', '기체가 안정적이지 않다', '컴퍼스가 어긋난다', '짐벌이 기울었다' 등의 결함이 발생했을 경우는 'IMU 캘리브레이션'을 실시하는 것이 중요하다. 반드시 촬영 전이나 이동 후의 비행 전에 실시하는 습관을 들이도록 하자.

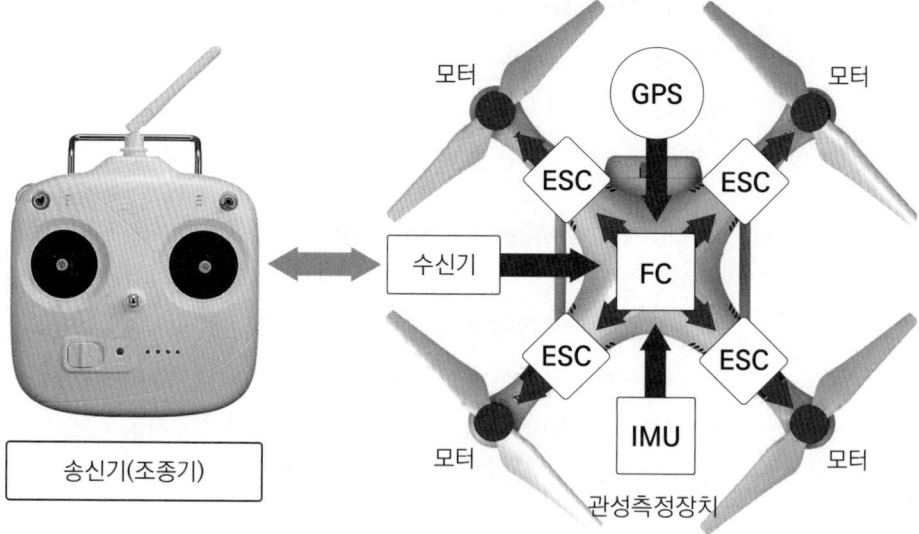

● 드론의 기체 구조

제 2 장
드론을 조종하기 위해서는

제2장 드론을 조종하기 위해서는

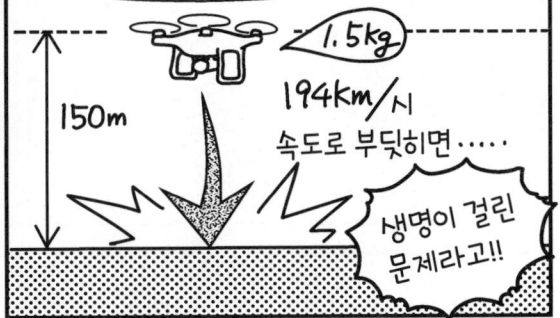

비행점검표

			항목	기록
이륙 전	기체	프로펠러	깨지지 않았는가?	
			에지에 손상이 없는가?	
			변형이 없는가?	
			빠지지 않는가?	
			회전이 원활한가?	
			프로펠러 가드에 닿지 않는가?	
		프로펠러가드	변형이 없는가?	
			빠지지 않는가?	
		LED	깨지지 않았는가?	
		각 부분 나사	나사가 빠지지 않았는가?	
		센서	장애물 센서에 오염이 없는가?	
		짐벌	가동에 이상이 없는가?	
		카메라 렌즈	깨지거나 오염이 없는가?	
			ND 필터와 PL 필터는 적절한가?	
		마이크로 SD 카드	올바르게 꽂혀 있는가?	
	조종기	스틱	가동은 원활한가?	
		각 버튼	누르면 정상적으로 원위치로 돌아오는가?	
		다이얼	가동이 원활한가?	
		안테나	꺾여 있지 않은가?	
			가동이 원활한가?	
		LED	점멸이 정상인가?	
			충전이 충분한가?	
	배터리	외부	깨지지 않았는가?	
			손상이 없는가?	
			변형이 없는가?	
		내부	액이 흐르거나 이상 발열이 없는가?	
		LED	정상적으로 점멸하는가?	
			충전이 충분한가?	
		장착	'칠칵' 소리가 나는가?	
			빠지지 않는가?	
	전원	선: 조종기 ON	텔레메트리 정보는 정상인가? ※ 리턴 투 홈 등의 설정도 확인할 것	
		후: 기체 ON		
	설정	홈 포인트 설정	홈 포인트 장소는 적절한가?	
		컴퍼스 교정	컴퍼스는 정상인가?	
	상황	주위 확인	좌·우·전·후·상공·발밑	
		날씨	운항에 영향이 없는가?	
		풍속	운항에 영향이 없는가?	
		이륙 시각		
		시동(아밍)	이상한 소리가 나지 않는가? ※ 시동 확인 후 프로펠러 일시 정지	
이륙	링크	동작 확인	자신의 모드로 되어 있는가?	
			키를 꽂았을 때 정상적으로 작동하는가?	
착륙	상황	주위 확인	좌·우·후·전·상공·발밑	
		착륙 시각		
		시동 정지(DISARMED)	프로펠러가 정지했는가?	
착륙 후	전원	선: 기체 OFF	전원이 OFF로 되어 있는가? ※ 조종기 전원을 끄면 배터리를 뺄 것	
		후: 조종기 OFF		
	기체	프로펠러	깨지지 않았는가?	
			에지에 손상이 없는가?	
			변형이 없는가?	
			빠지지 않는가?	
			회전은 원활한가?	
			프로펠러 가드에 닿지 않는가?	
		모터	이상 발열이 없는가?	
		프로펠러 가드	변형이 없는가?	
			빠지지 않는가?	
		LED	깨지지 않았는가?	
		각 부분 나사	나사가 빠지지 않았는가?	
		짐벌	가동에 이상이 없는가?	
		카메라 렌즈	깨지거나 오염이 없는가?	
		마이크로 SD 카드	빠져 있지 않은가?	
	배터리	외부	깨지지 않았는가?	
			손상이 없는가?	
			변형이 없는가?	
		내부	이상 발열이 없는가?	
		LED	점멸이 정상인가?	

5. 사람에 의한 방해나 고장에 의한 추락, 접촉사고

마지막으로 5번째는 위에 써 있는 대로야.

언제 무슨 일이 일어날지 모르기 때문에 머릿속이 하얘지지 않으려면 훈련밖에는 답이 없어.

언제 무슨 일이 일어날지 몰라!

휘리릭~

넵!

사전 승인 없이 드론을 야외에서 조종할 경우, 장소와 상관없이 이 규칙을 반드시 지켜야 해.

① 음주 비행 금지　② 비행 전 확인　③ 충돌 예방　④ 위험한 비행 금지

※ 공공장소에서의 음주 비행은 1년 이하의 징역 또는 30만 엔(한화 환산 약 300만 원) 이하의 벌금.

※ ①~④는 2019년 여름에 추가되었음(일본). 승인 여부와 상관없이 어떤 경우에도 지키지 않으면 안 됨.
※ ②~④는 50만 엔(한화 환산 약 500만 원) 이하의 벌금.

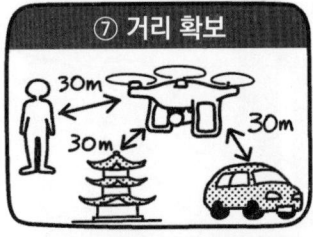

⑤ 낮시간 비행　⑥ 육안 범위 내　⑦ 거리 확보

⑧ 행사장소에서의 비행 금지　⑨ 위험물 운송 금지　⑩ 물건 투하 금지

※ ⑤~⑩은 사전에 지방 항공국장의 승인을 받으면 가능함

1. 비행 전후의 점검은 법령상 의무

드론을 안전하게 조정하기 위해서는 비행 전후의 점검이 매우 중요하다.

2019년 9월부터는 '항공법'에 의해 법령상의 의무로도 지정되었다(p.189 「일본의 2019년 항공법 및 항공법 시행규칙 전면 개정 포인트 해설 참조).

구체적인 점검 내용에 관한 규정은 없지만 예를 들어, 팬텀이라면 팬텀 제조업체인 DJI가 정하는 '안전비행 점검항목'

https://www.dji.com/kr/flyingtips?site=brandsite&from=nav

(2021년 1월 현재)(한국)을 참조하면 된다.

2. 사전 답사는 반드시 하자

비행 전·비행 후 점검만큼 드론을 비행하기 전에 사전에 현지를 방문해 충분히 답사(=로케이션 헌팅, 사전 답사)하는 것이 중요하다. 만약, 비행 예정지에 사전 방문이 곤란한 경우에는 구글 맵이나 구글 거리뷰 등을 사용하여 가능한 정보를 수집한다. 구체적으로는,

- 비행 경로 내에 비행에 장애가 되는 지형이나 건물은 없는가?
- 대형사고의 위험이 높은 고속도로나 전차선로 등은 없는가?
- 전파간섭의 영향이 될 수 있는 고전압선이나 송전탑은 없는가?
- 제3자나 차량의 출입은 없는가?
- 새가 날아와 비행에 방해가 되지 않는가?
- 홈 포인트의 설정이나 컴퍼스 교정을 실시할 때 장애가 될 수 있는 철골 등의 부근은 아닌가?

등을 확인한다. 또한,

- 이륙 포인트
- 착륙 포인트
- 비행 경로
- 비상착륙 장소
- 최대 고도·최대 거리 등의 설정

등을 결정해둔다.

또한, 비행 어플리케이션이나 스펙트럼 애널라이저 등을 사용하여 강도의 전파 간섭이 없는지도 확인한다. 그리고 이착륙 포인트를 정하고 거기에 랜딩 패드를 설치한다.

랜딩 패드는 모래나 먼지로부터 렌즈와 모터를 보호하는 역할뿐만 아니라 제3자에게 드론의 착륙 장소를 알려주는 역할을 한다.

3. 바람과 비는 드론의 적

(1) 풍향과 풍속을 제대로 파악하자

드론을 비행할 때는 바람에 충분한 주의를 기울여야 한다.

현지의 풍향과 풍속을 측정해 안전한 비행이 가능한 범위 내의 풍속인지, 풍향은 어느 쪽인지를 풍속·풍향계로 측정한다.

팬텀 등의 일반적인 드론의 경우 시속 29~38km의 풍속이 비행 가능한 한계로 여겨지고 있다. 그리고 '항공법' 및 '항공법 시행규칙'에 의해 시속 18km(초속 5m) 이하의 풍속이 아니면 비행할 수 없는 경우도 있다.

풍향과 풍속을 예보하는 정보나 사이트 등이 있지만, 운항 당일 그 장소에 가 보고 예상과 다른 풍속과 풍향을 체험하는 일은 드물지 않다. 일기예보에 너무 의지하지 말고 '왜 바람이 불고 있는 것인가?'를 이해한 후에 조종자, 운항관리자 스스로 비행 여부를 판단하는 것이 중요하다.

(2) 지형에 따라 발생하는 바람을 알아보자

산악 지형에서 드론을 비행시키고자 하는 경우는 골바람과 산바람을 의식하는 것이 중요하다.

'골바람'은 낮에 계곡에서 산 정상을 향해 사면을 날아오르는 바람을 말한다. 낮의 햇살이 계곡을 비추고 산의 경사면이 따뜻해져 데워진 지표 부근의 공기가 가벼워지면, 산의 경사면을 따라 바람이 상승한다. 이로 인해 적란운이 생기고 뇌우가 되기도 한다. 이에 반해 '산바람'은 야간에 산정상에서 계곡으로 불어 내려오는 바람을 말한다. 야간에 산비탈이 차가워지고 그에 닿은 찬 공기가 사면을 타고 계곡으로 내려간다.

해안이나 바다에 가까운 장소에서 드론을 비행시키는 경우는 해풍과 육풍을 의식하는 것이 중요하다. 낮에는 육지가 바다보다 따뜻해지므로 육지의 공기 온도가 바다에 비해 높아지고 데워진 육지의 공기가 상승하여 없어진 곳에 바다의 공기가 흘러와 바다에서 육지를 향해 바람이 분다. 이것을 '해풍'이라고 한다. 반면, 밤에는 바다가 육지보다 차가워지지 않아 육지에서 바다를 향해 바람이 분다. 이것을 '육풍'이라고 부른다. 그리고 해풍과 육풍이 교체될 때의 무풍 상태를 '뜸'이라고 말한다.

이 밖에도 일기도에서는 읽을 수 없는, 비행하는 주위의 지형에 의해서 생기는 바람이 있다. 예를 들어, '상승 기류'는 햇빛에 의해 지표면이 따뜻해져 지표면에 접하고 있는 공기가 따뜻해지면서 발생하므로 주택이나 공장, 건조한 밭, 양지의 경사면에서는 국지적으로 상승 기류가 발생하기 쉽다.

또 바람이 빌딩 정면에 닿아 양쪽으로 갈라질 때 바람이 닿는 전면의 옥상 부근과 그 좌우 양쪽으로 바람이 강해지고 빌딩에서 일정 거리 떨어진 등 뒤쪽에서는 강한 바람이 불어친다. 이런 바람을 '빌딩풍(Building wind)'이라고 한다.

마찬가지로 산의 경사면에 바람이 닿으면 경사면을 따라 공기가 들어 올려지는데, 이 바람을 '사면 상승풍(리지 리프트)'이라고 한다.

(3) 비를 조심하자

최근에는 방수·방진 기능을 갖춘 드론도 등장했지만 드론 자체가 전자 부품으로 만들어져 있기 때문에 물에 약하다. 더욱이 카메라 렌즈에 물방울이 묻으면 선명한 비행 영상 확인이나 촬영이 불가능하기 때문에 빗속에서 드론을 비행시키는 것은 위험하다.

가까운 일정의 경우는 일기 예보를 참고하여 운항 예정일을 결정하면 되지만 보름 이상 앞의 일정을 정해야 할 경우는 무엇을 참고해야 할까? 이럴 때는 1981년부터 2010년까지 30년간의 대기 현상과 일 강수량, 일평균 구름량에서 산출한 각 지역의 기상대가 공표한 '일별 날씨 출현율'을 참고로 결정하면 좋다.

또한, 조종자와 운항관리자가 갑작스러운 기후 변화에도 대응할 수 있도록 기상 지식을 몸에 익혀두어야 한다.

4. GPS는 만능인가

(1) GPS를 이용한 드론의 위치 파악

GPS(Global Positioning System) 위성에서 발신되는 전파에는 위성 궤도 정보, 원자시계의 정확한 시간 정보 등이 포함되어 있다. 드론에 탑재된 GPS 수신기에도 시계가 내장되어 있다.

이 전파의 송신 시각과 수신 시각의 차이(전파 전반 시간)로부터 GPS 위성과 수신기 사이의 거리가 산출되고 드론의 위치가 파악된다. GPS 위성은 미국의 인공위성이며 중국은 BeiDou(북두), EU는 Galileo(갈릴레오), 러시아는 GLONASS(글로나스), 인도는 IRNSS, 그리고 일본은 QZSS(큐지에스에스)라고 하는 위성을 발사하고 있으며, 이들 위성을 총칭하여 '위성측위시스템(Satellite positioning, navigation and timing system 또는 Satellite PNT system)'이라고 한다.

실제로 드론의 운항에서는 4기의 측위 위성과 드론의 거리를 각각 계산하여 4개의 거리를 구하고 있다. 그리고 그 4개의 거리가 하나로 교차하는 점을 수학적으로 산출하여 드론의 위치를 측위하고 있다.

(2) 간섭 측위

그러나 드론을 자동비행시키려면 보다 정밀한 측위 정보가 필요해서 GPS를 비롯한 위성측위시스템의 측위만으로는 부족하다. 그래서 관성 측정 장치도 조합해 측위하는데, 센티미터 레벨의 오차 범위 측위를 가능케 한 것이 'RTK(Real Time Kinematic: 실시간 키네마틱)'로 대표되는 '간섭 측위'라고 하는 기술이다.

RTK는 일반적으로 'RTK-GNSS'라고 표기하는 경우도 많으며 지상에 설치한 기

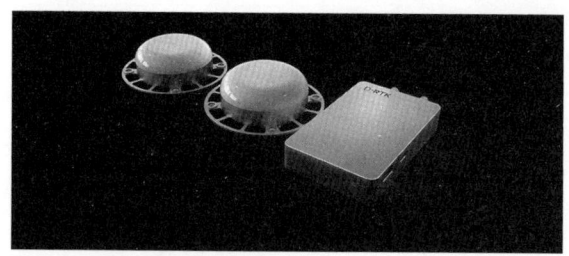

● DJI의 D-RTK GNSS
(DJI JAPAN㈜ 홈페이지에서 인용)

준국으로부터의 위치정보 데이터에 의해서 높은 정밀도의 측위를 실현하는 기술이다. 덧붙여 'GNSS'는 '전(全) 지구 위성 항법 시스템'을 말하며, GPS 등 위성을 이용한 측위 시스템의 총칭이다.

GPS의 위치정보 데이터에서는 2m 내외의 오차가 발생하지만 RTK를 조합하면 수직·수평 방향으로 1㎝ 단위의 정확한 측위가 가능하다.

(3) GPS에 의지하지 않는 조종을 몸에 익히자

드론을 안전하게 비행시키고자 할 때, 특히 자동비행일 경우 GPS 전파는 중요한 정보이다. 그러나 GPS 수신기가 어떤 경우에도 전파를 수신할 수 있는 것이 아니기 때문에 지형과 날씨, 시각에 따라 그 전파가 중단될 수도 있다.

이러한 사태에 대비하여 GPS 전파가 안 통하는 장소에서 조종 연습을 해 두고 갑자기 GPS 위성으로부터 전파가 끊겨도 안전하게 비행할 수 있는 기술을 몸에 익혀 두는 것이 매우 중요하다.

평소 GPS 전파에 의지하지 않고 조종하는 습관을 들이면 중요한 경우에 갑자기 GPS 전파를 수신할 수 없게 돼도 당황하지 않고 대응할 수 있다.

5. 법령과 규칙은 반드시 알아두자(일본)

드론 사용의 증가로 인해 세계 각국의 드론 관련 법령 등 그 규정이 날로 구체적이고 엄격해지고 있다. 다만, 일본은 다른 선진국과 비교해 드론에 관한 법령과 규칙이 아직 유연한 편이다.

(1) 비행 금지 구역을 잘 알아두자

드론의 비행 공역은 일본 국토교통성이 소관하는 항공법 제132조의 '비행 금지 공역', 일본 경찰청이 소관하는 '중요 시설의 주변 지역 상공에서의 소형 무인기 등의 비행 금지에 관한 법률(약칭: 소형 무인기 등 비행 금지법)', 일본 지자체가 소관하는 '무인 항공기의 비행을 제한하는 조례 등'으로 정해져 있다.

자세한 사항은 인터넷을 통해 최신 정보를 확인할 수 있으므로 여기에서는 포인트만 살펴보기로 하자.

① 항공법

항공법 및 그 시행규칙에 따라

- 지표 또는 수면으로부터 150m 이상 높이의 공역
- 공항 주변 공역
- 인구밀집지역 상공

에서 드론을 조종하려는 경우에는 안전 조치를 한 다음 일본 국토교통대신의 허가를 받아야 한다.

자신의 사유지라도 예외는 아니므로 주의가 필요하다(실내에서 조종하는 경우는 불필요).

기억해야 할 점은 '**지표 또는 수면으로부터 150m 이상의 높이**'라는 점이다. 즉, 빌딩과 같은 건조물의 옥상부터 150m가 아니다. 또한, 해발 3,000m의 산 정상에서도 산 정상의 지표에서 150m 미만의 높이라면 일본 국토교통대신 허가를 받을 필요가 없다(이는 '일본 항공법 시행규칙'에서 정하는 항공기의 최저 안전고도[지표면 또는 수면으로부터 150m 이상의 고도]에 대한 배려이기도 하다).

또한 '인구밀집지역의 상공'은 최근 일본 국세 조사 결과에 의한 인구밀집지역의 상공을 말하며 과거와는 상황이 달라졌으므로 그때그때 항공국의 공식 홈페이지에서 확인해야 한다.

② **소형 무인기 등 비행 금지법**

이 법률은 모든 무인 항공기(드론)에 해당하므로 주의가 필요하다. 위반했을 경우는 1년 이하의 징역 또는 50만 엔(한화 환산 약 500만 원) 이하의 벌금에 처해진다.

다만, 대상 시설의 관리자 또는 그 동의를 얻은 사람, 토지의 소유자 혹은 점유자, 또는 그 동의를 얻은 사람은 규제에서 제외된다.

이 법률의 대상이 되는 장소에 대해서는 일본 경찰청의 공식 홈페이지에서 확인할 수 있다.

(2) 드론 음주 조종은 1년 이하의 징역 또는 30만 엔(한화 환산 약 300만 원) 이하의 벌금

2019년 9월 항공법이 일부 개정되어 술이나 약물 등의 영향이 있는 상태에서 드론을 조종하면 1년 이하의 징역 또는 30만 엔(한화 환산 약 300만 원) 이하의 벌금에 처하게 된다.

(3) 비행 전 확인, 충돌 예방과 위험비행 금지는 의무

비행에 앞서 반드시 사전 점검을 하고, 항공기 또는 다른 드론과의 충돌을 예방하도록 비행하는 것도 의무화되었다.

자세한 내용은 p.189의 부록: 일본의 2019년 항공법 및 항공법 시행규칙 전면 개정 포인트 해설에 정리되어 있으니 참고하길 바란다.

(4) 드론의 도로 방치는 '도로교통법' 위반

드론을 도로 상공에서 비행시키는 것에 대해 일본 도로교통법에서의 제한은 없다.

국가전략특구 등의 새로운 조치에 대한 내각부와 각 부 처 간의 해석이 '(경찰청) 국가전략특구 등 제안 검토요청 회답'으로 공표되었는데, 히로시마현(총무국 경영기획팀)과 ㈜에네르기아·커뮤니케이션즈에서 제안한 '히로시마 드론 실증사업특구'안(제안 관리번호: 062040)의 내각부로부터 각 부처로의 검토요청에 대한 회답은 다음과 같다.

> 도로에서 위험을 발생시켜 교통의 원활을 저해할 우려가 있는 공사나 작업을 하는 경우, 도로에 사람이 모여 일반 교통에 현저한 영향을 끼치는 촬영 등을 하는 경우에는 드론의 이용 여부에 상관없이 도로사용허가를 필요로 하지만, 이에 해당하지 아니하는 형태로 단순히 드론을 이용하여 도로 상공에서 촬영하려는 경우에는 현행 제도상 도로사용허가를 필요로 하지 아니한다.

하지만 교통에 방해가 되게 드론이나 랜딩 패드 같은 물건을 마구잡이로 도로에 두는 것은 일본 도로교통법에 위반된다. 마찬가지로 조종자도 교통에 방해가 되게 드러눕거나 쪼그려 앉거나 멈춰서는 안 된다.

또한, 도로 상공을 비행하여 4.1m 이상의 고도를 유지하는 행위, 교통 위험을 발생시키는 행위, 현저히 교통의 방해가 될 우려가 있는 행위는 해서는 안 된다.

(5) 사생활 침해 및 개인정보보호법 위반에 주의하자

'드론 촬영 영상 등 인터넷상에서의 취급에 관한 가이드라인'(2015년 9월, 일본 총무성)에서는 타인에게 함부로 알려지고 싶지 않은 정보인지 아닌지가 프라이버시로서 보호를 받는 기준이라 보고 있다. 그리고 '드론을 이용하여 피촬영자의 동의 없이 영상 등을 촬영, 인터넷상에서 공개하는 것은 민형사상·행정상의 위험을 부담하게 된다'고 명시되어 있다.

일반적으로 개인의 주소와 함께 해당 개인의 주거 외관의 사진이 공표되는 경우에는 프라이버시로서 법적 보호의 대상이 될 수 있다. 또한, 실내 모습, 차량 번호판 및 세탁물, 기타 생활 상황을 짐작할 수 있는 개인 물건이 찍혀 있는 경우에도 내용이나 찍힌 방법에 따라 사생활 보호의 대상이 될 수 있다.

프라이버시 침해 등이 발생했을 경우 민사상 촬영자는 피촬영자에 대해서 불법행위에 근거하는 손해배상의 책임을 지게 된다. 참고로 목욕탕, 탈의실, 화장실 등 사람이 통상 옷을 입지 않는 장소를 촬영한 경우에는 형사상 '경범죄법'이나 각 지자체의 민폐 방지 조례에 해당할 가능성이 있어 처벌될 우려가 있다.

그런 일은 절대로 하지 않을 거라 굳게 명심하고 있는 경우에도 조심해야 할 점은 개인정보 취급 사업자가 무단으로 촬영했을 경우 부정한 수단에 의한 개인정보 취득으로 '개인정보 보호에 관한 법률(개인정보보호법)'의 위반이 될 수도 있다는 점이다. 만약 그런 입장의 기업 등으로부터 업무를 위탁받고 있는 경우에는 위탁처도 개인정보 취급자가 되기 때문에 주의가 필요하다.

촬영 행위의 위법성은 일반적으로는,
① 촬영의 필요성(목적)
② 촬영방법·수단의 적절성
③ 촬영 대상(정보의 성질)

등을 바탕으로 종합적 또는 개별적으로 판단한다. 구체적인 프라이버시 침해 여부와 정도는 각각의 사진의 내용이나 찍힌 방법에 따라 다르므로 일률적으로는 말할 수 없지만 드론 비행이 인정되는 공공장소라도 주거시설의 담보다 높은 상공을 비행하는 것이 일반적이다. 따라서 통상은 담장에 의해 사람의 시야에 들어가지 않는 영상 등을 촬영하고 인터넷에 공개했을 경우는 프라이버시 침해로 간주될 위험성이 높다고 생각할 수 있다. 즉,

 ① 주택지에 카메라를 들이대지 않도록 하는 등 촬영 방법을 배려한다.
 ② 얼굴이나 차량 번호판, 거주 시설 내 생활 상황을 추측할 수 있는 개인 물품에 모자이크 처리 등을 한다.

등 프라이버시 보호를 위한 조치를 하지 않으면 프라이버시 침해에 해당할 수 있다.

(6) 사람을 촬영할 때에는 초상권에 주의하자

연예인이나 유명 인사가 아니라도 사람은 누구나 초상권을 가지고 있다. 즉, '사람은 자신의 승낙 없이 함부로 자기의 용모와 자태가 촬영·공개되지 않을 인격적인 권리를 가진다'고 볼 수 있다. 따라서 촬영, 공개 목적, 필요성, 그 모습 등을 고려했을 때 수용한도를 넘는 촬영과 공개는 초상권을 침해하는 것으로서 위법에 해당한다. 단, 복수의 판례에 의하면 특정 개인에 초점을 두어 그 외모를 복사하고 있는 등의 경우를 제외하고, 공공장소에서 보통의 복장과 태도로 있는 사람의 모습을 촬영하고 공개하는 것은 수용한도 내로서 초상권 침해가 아니라는 방향성이 시사되고 있다.

즉, 공공장소의 광경을 기계적으로 촬영하다 사람의 외모가 들어간 경우는 특정 개인에게 초점을 맞추었다기보다는 공공장소의 광경을 흐르듯 촬영한 것과 유사한 것으로 극히 평범한 복장으로 공공장소에 있는 사람의 모습을 촬영한 것이며 동시에 외모를 판별할 수 없게 모자이크를 넣거나 해상도를 떨어뜨려 공개한다면 사회적인 수용한도 내에서 초상권의 침해는 없다고 볼 수 있다.

그러나 피촬영자의 승낙 없이 주거시설 담장 외부로부터 촬영자가 발돋움한 자세로 주택의 일부인 거실 내의 피촬영자의 자태를 비췄을 경우나 공공장소가 아닌 장소에서 촬영한 경우는 예외이다. 또한, 유흥업소 등에 출입하는 모습이나 공공도로라도 촬영·공개되는 것을 보통 허용하지 않을 거라 생각되는 영상, 타인의 주거 내 생활 상황을 추측할 수 있는 영상의 경우, 초상권 침해 여부는 프라이버시의 경우처럼 최종적으로는 사례별로 개별 판단이 필요하다.

드론으로 산업 폐기물 위법 투기를 추적해 얼굴 사진과 차량 번호판 촬영에 성공했을 경우 촬영 그 자체는 공익 목적으로 허락된다고 해도 영상의 공개는 초상권 침해에 해당될 가능성이 있는 경우도 있다.

(7) 인터넷과 관련된 업무는 항상 신중하게

촬영 행위가 위법으로 간주된 경우에는 영상을 인터넷상에서 볼 수 있게 한 행위 자체도 위법이 된다.

드론으로 촬영한 영상을 인터넷상에서 볼 수 있도록 했을 경우 거기에 프라이버시나 초상권 등의 권리를 침해하는 정보가 포함되어 있을 때는 인터넷에 의한 정보의 확산으로 권리를 침해받은 사람에게의 영향이 지극히 크고 해당 영상은 인격권에 근거하여 송신을 방지하는 조치와 손해배상 청구 대상이 된다.

인터넷상에 공개하는 경우 촬영 시 피촬영자의 동의를 얻는 것을 전제로 하고, 동의를 얻는 것이 곤란한 경우에 대비하여 평소부터 다음과 같은 사항을 주의하도록 하자.

① 주택 근처에서 촬영하는 경우 카메라의 각도를 주택으로 향하지 않는다. 줌 기능을 주택을 향해 사용하지 않는다. 특히 고층 주거 시설 등의 경우는 수평으로 카메라를 향하지 않는다.

② 라이브 스트리밍에 의한 실시간 동영상 공유 서비스 등, 배경을 흐리게 하는 등의 편집이 곤란한 것을 이용하지 않는다.

③ 얼굴이나 차량 번호판, 문패, 주거 외관, 주거 내 거주자의 모습, 세탁물, 그 밖에

생활 상황을 추측할 수 있는 사물이 촬영 영상 등에 찍힌 경우에는 그 부분의 영상을 삭제한다. 또는 해당 부분을 알아볼 수 없게 흐리게 처리한다.
④ 삭제 의뢰가 있을 시 즉시 대응이 가능한 전기 통신사업자의 홈페이지에 올린다.

(8) 토지 소유권은 상공에서도 해당한다

'민법(제3자의 소유지 상공 비행)'에서 토지의 소유권은 토지의 표면뿐 아니라 그 상공에까지 미친다고 되어 있다. 따라서 타인의 토지 상공을 비행하는 경우에는 토지 소유자의 동의 또는 승낙을 얻어야 한다.

만약 드론이 상공을 비행하여 어떠한 '손해'가 발생하였다고 인정되는 경우에는 민법상 '고의 또는 과실에 의하여 타인의 권리 또는 법률상 보호되는 이익을 침해한 자는 이로 인하여 발생한 손해를 배상할 책임을 진다'는 민법 제709조 '불법행위에 의한 손해배상'에 의거하여 손해배상청구를 받을 우려도 있다.

(9) 바다와 강, 공원, 공공시설도 사전 허가가 필요하다

해안과 강, 강가 등은 사유지가 아니므로 아무 문제 없이 드론 비행이 가능한 장소라고 생각하기 쉽지만 지자체의 조례 등에 의해 드론 비행이 금지되고 있는 경우가 있기 때문에 주의가 필요하다.

예를 들어, 오사카의 요도가와 하천 사무소가 관리하는 하천(사유지, 자치단체 등 관리 하천공원 등을 제외) 및 국영 요도가와 하천공원에서는 드론, 무선 조종 등의 무인 항공기 비행은 항공법에 의한 허가 또는 승인 여부와 상관없이 위험, 민폐 행위로 원칙상 금지하고 있다.

반면, 드론 비행이 금지가 아닌 하천도 있는데 이 경우 일급하천은 국토교통대사에, 이급하천은 도지사의 하천관리권자에게 사전에 일시사용신청서를 제출하고 허가를 얻으면 드론 비행을 할 수 있다.

해상, 해안 등에서 드론을 조종할 경우는 '해상교통안전법', '해안법', '항만법', '항측법'과 각 지방의 조례에 따라 해상보안청과 항만사무국 등에 임시사용신청서를 제출한 후에 비행해야 한다. **특히, 해수욕장**에서 드론을 비행하는 경우에는 각 지방공공단체에 문의하고 사전에 허가를 받을 필요가 있다. 나아가 드론 비행이 선박교통의 안전에 지장을 미칠 우려가 있는 경우에는 '항칙법'과 '해상교통안전법'에 따라 사전에 해상보안감부, 해상보안본부의 허가를 받을 필요가 있다.

현재 많은 공원에서 드론의 반입 자체가 금지되어 있다. 만일 그러한 규정을 찾지 못하더라도 국가나 광역자치단체, 지방자치단체가 관리하고 있는 공원에서는 '도시공원법'에 따라 각각의 관리자에게 임시 사용신고를 한 후 비행시켜야 한다. 공공 시설에서도 조례 및 청사 관리 규칙에 의한 규제를 받는다.

⑽ 재해 시에는 비행 조정(비행 자제)에 대한 협력이 요구된다

대규모 재해 등이 발생했을 경우 국토교통대신의 허가, 승인이 필요 없는 장소라고 해도 재해지의 드론 비행 조정(비행 자제)에 대한 협력이 요구될 수 있다. 물론 수색과 구조를 위한 특례가 있지만 사전에 국토교통대신의 허가와 승인을 받은 경우로 제한을 두고 있다.

최근에는 지자체·행정이 민간기업이나 드론 협회 등의 일반 사단법인과 '재해 협정'을 체결하는 움직임이 퍼지고 있다.

⑾ '기술 기준 적합 마크'가 붙어 있는지 확인하자

일본 국내의 드론에서 주로 쓰이는 무선 통신 시스템은 2.4GHz대 및 5.7GHz대 등의 주파수대를 사용한 것으로 무선종사자 자격이 불필요한 것부터 제3급 육상 특수 무선기사 이상의 자격이 필요한 것까지 다양하다.

팬텀 등의 컨슈머(소비자)용 드론은 무선종사자 자격이 불필요한 사양이 대부분이지만 드론 레이스에서 사용되는 FPV(First Person View) 시스템(5.8GHz 등의 주파수대를 사용하는 경우가 많음) 등을 탑재한 기체를 운항할 경우 제4급 아마추어 무선기사 등의 무선종사자 자격이 필요하다. 필요한 무선종사자 자격을 지니지 않고 운항하는 경우 '전파법(일본)'에 따라 1년 이하의 징역 또는 100만 엔(한화 환산 약 1,000만 원) 이하의 벌금에 처해질 수 있다.

또한, 일본 총무성령이 정하는 기술 기준 적합 증명과 기술 기준 적합 인정 중 하나 혹은 양쪽 모두의 인증을 나타내는 '기술 기준 적합 마크'가 붙어 있지 않은 드론을 일본 내에서 비행하는 것은 '전파법' 위반에 해당한다. 드론 구매 시 '기술 기준 적합 마크'가 부착되어 있는지 확인하도록 하자. 특히 병행수입으로 구매한 드론의 경우에는 주의가 필요하다. 덧붙여 '기술 기준 적합 마크'가 붙어 있어도 무선국을 개설하기 위해서는 총무 대신의 면허를 반드시 받아야 하는 경우도 있으므로 주의하도록 하자. '전파법' 위반에 해당 되면 1년 이하의 징역 또는 100만 엔(한화 환산 약 1,000만 원) 이하의 벌금의 대상이 되고 한층 더 공공성이 높은 무선국에 방해를 준 경우는 5년 이하의 징역 또는 250만 엔(한화 환산 약 2,500만 원) 이하의 벌금의 대상이 된다.

● 기술 기준 적합 마크(일본 총무성 홈페이지에서 인용)

6. 승인과 허가가 필요한 비행(일본)

(1) 승인과 허가를 받기 위해서는 먼저 기준 이상의 비행경력, 지식, 능력이 필요

승인과 허가가 필요한 비행의 경우에는 원칙적으로 사전에 지방 항공국장(일본)의 **허가와 승인**이 필요하다.

그리고 지방 항공국장의 허가와 승인 신청은 정해진 기준 이상의 비행경력, 지식, 능력을 가진 자로 그 기준이 정해져 있다. 구체적으로 어떤 기준이 있는지 주의점은 무엇인지 살펴보자.

① **비행경력**

비행경력에 대해서는 '무인항공기 종류별로 10시간 이상의 비행경력을 가질 것'으로 되어 있지만 일본 국토교통성 홈페이지에서는 '무인항공기는 비행기, 회전익항공기, 활공기, 비행선 등으로 구조상 사람이 탈 수 없는 것 중, 원격조종 또는 자동조종에 의해 비행할 수 있는 것(200g 미만의 중량[기체 본체의 중량과 배터리 중량의 합계]을 제외한 것'으로 되어있으므로 토이 드론 등의 200g 미만 중량(기체 본체의 중량과 배터리 중량의 합계)의 드론 비행은 비행경력에 포함하지 않는 것으로 해석할 수 있다.

② **지식**

지식에 관해서는 '항공법' 관계법령과 그 외 비행 규칙(비행 금지공역, 비행 방법) 등 기상, 안전기능, 취급설명서에 기재되어 있는 일상점검항목, 안전비행에 관한 지식을 지닐 것으로 보고 있다.

③ **능력**

능력에 대해서는 다음과 같이 정리해볼 수 있다.

- 비행 전 주위의 안전확인(외부인 출입유무, 풍속·풍향의 기상 등)을 할 수 있다.
- 연료 또는 배터리의 잔량 확인, 통신계통 또는 추진계통의 작동을 확인할 수 있다.
- GPS 등의 기능을 이용하지 않더라도 안정적인 이륙 또는 착륙이 가능하다.
- 호버링 또는 호버링 상태에서 기수(機首) 방향을 90° 회전, 전후 이동, 수평 방향 비행·하강 등 GPS 등의 기능을 이용하지 않고 안정적인 비행을 할 수 있다.
- 자동조종 시스템으로 비행 경로를 적절하게 설정할 수 있다.
- 비행 중 문제가 발생하더라도 안전하게 착륙할 수 있도록 조종이 가능하다.

이 기준에 부합하고 있는 것을 객관적으로 인정받기 위해 드론 스쿨에 입학하기도 한다.

(2) 승인이 필요한 비행

승인이 필요한 비행에 관해서는 p.189의 '일본의 2019년 항공법 및 항공법 시행규칙 전면 개정 포인트 해설'에 정리하고 있다. 여기에서는 각각의 주의점에 관해 설명하도록 하겠다.

① 일중(일출부터 일몰까지)

일중이란 국립천문대(일본)가 발표한 **각지의 일출 시각부터 일몰 시각까지의 사이**를 말한다. 지역에 따라 다르기도 하고 개인적인 감각의 문제도 아니다.

② **육안(직접 육안에 의한)**
  육안이란 드론을 비행하는 사람이 본인의 눈으로 직접 보는 것을 말한다. 보조자가 보는 것이나 모니터로 보는 것, 쌍안경이나 카메라로 보는 것은 해당하지 않는다.

③ **30m 이상의 거리**
  '사람(제3자) 또는 물건(제3자의 건물, 자동차 등) 사이에 30m 이상의 거리를 유지하면서 비행할 것'에서 '사람'이란 드론을 조종하는 사람, 또는 그 관계자(드론 비행에 직접적 또는 간접적으로 관여하고 있는 자) 이외의 사람을 가리킨다. 즉, 관계자는 포함하지 않는다.
  또한, '물건'에는 관계자가 소유, 관리하는 것은 포함하지 않는다. 도로의 노면이나 제방, 철도의 선로 등과 같이 토지와 일체가 되어 있는 것이나 수목, 잡초 등의 자연물도 '물건'에 포함하지 않는다.

④ **축제 등 다수의 사람이 모이는 행사**
  '축제 등 다수의 사람이 모이는 행사'에는 혼잡으로 인한 인파, 신호 대기 등 자연 발생적인 것은 해당하지 않는다. 그러나 특정 시간, 특정 장소에 수십 명이 모이는 경우에는 '다수의 사람이 모이는 행사'에 해당할 가능성이 높다.

⑤ **폭발물 등 위험물**
  '폭발물 등 위험물'에는 비행에 필요한 연료, 전지, 업무용 기기(카메라 등)에 쓰이는 전지, 안전장비로서의 낙하산을 작동하기 위해 필요한 화약류나 고압가스 등 비행 중 항상 기체와 하나가 되어 수송되는 물건 등은 포함하지 않는다.

⑥ **물건을 투하하지 말 것에서의 '물건'**
  수송한 물건을 지표에 두는 것은 이에 해당하지 않는다.

(3) 허가와 승인 신청을 할 때 주의점

① **신청서는 비행 개시 예정일 적어도 10일 전까지**

신청서는 비행 개시 예정일 **적어도 10일 전까지는** 제출해야 한다. 가능하면 여유롭게 비행 개시 예정일 3~4주 정도 전에 지방 항공국 또는 공항사무소 앞으로 빠진 것이 없도록 제출하도록 한다.

단, 급한 촬영 의뢰 등 승인 신청에 걸리는 기간을 확보하지 못한 경우에는 **항공 주변 150m 이상 높이의 공역에 의한 비행을 제외하고** 비행 장소 범위와 조건을 기재하면 비행 경로를 특정하지 않아도 신청할 수 있다.

② **지방공공단체의 조례와 소형 무인기 등 비행금지법에 의한 비행 금지에 주의**

지자체가 정하는 조례와 소형 무인기 등 비행금지법에 의해 비행이 금지된 장소, 지역에 해당하지 않는지 주의한다. 해당하는 경우에는 대응책도 검토하도록 하자.

③ **온라인 신청이 편리함**

온라인, 우편, 직접 방문 중 어떤 방법으로도 신청할 수 있지만 온라인 서비스가 간단하고 편리하다. '온라인 서비스 전용 사이트(드론 정보 기반 시스템)'에 접속하면 특별한 소프트웨어 설치 없이도 신청할 수 있다.

④ **비행 매뉴얼**

실제 비행에서는 기재되어 있는 다음의 비행 매뉴얼 중 하나의 방법으로 비행해야 한다.

항공국 표준 매뉴얼 01: 비행 장소를 특정한 신청으로 이용 가능한 항공국 표준 매뉴얼

항공국 표준 매뉴얼 02: 비행 장소를 지정하지 않은 신청 중 아래의 비행에서만 이용 가능한 항공국 표준 매뉴얼
- 인구밀집지역 상공의 비행
- 야간 비행
- 비가시권 비행
- 사람 또는 물건으로부터 30m 이상의 거리를 확보할 수 없는 비행
- 위험물 수송 또는 물건 투하를 하는 비행

항공국 표준 매뉴얼(공중 살포): 농지 등에서 무인항공기에 의한 공중에서의 농약, 비료, 종자 또는 제설제 등의 살포(공중 살포)를 목적으로 한 항공국 표준 매뉴얼

신청인의 독자적인 비행 매뉴얼: 개별적으로 비행 매뉴얼을 작성하는 경우에는 항공국 표준 매뉴얼을 참고하여 신청서에 첨부한다.

또, 비시가권 비행에 대해서는 '무인항공기의 비행에 관한 허가·승인 심사요령' 5-4(3)에 따라
- 미리 주변을 비행할 수 있는 관계기관에 관한 정보를 가능한 한 수집하고, 비행 전에 해당 관계기관에 무인항공기의 비행예정을 전화 등으로 연락한다.
- 해당 관계기관의 항공기 비행 일시·경로 등을 확인한 후, 항공기와 접근의 위험이 있는 경우는 무인 항공기의 비행 중지 또는 비행 계획의 변경 등의 안전 조치를 강구한다.
- 무인항공기의 운항자는 비행을 예정하는 날짜와 시간에 있어서 비행 여부와 관계없이 항상 관계기관과 연락할 수 있는 체제를 확보한다.

등 그 사실을 비행 매뉴얼에 기재한다.

제 3 장

드론 조종사가 되려면

무인항공기 조종사에 관한 비행 경력·지식·능력 확인서(일본)

무인항공기 조종사 'ㅇㅇㅇ※'는 '무인항공기 비행에 관한 허가·승인 심사 요령'
4-2에 나열한 비행 경력·지식·능력을 지녔음을 확인함.

확인 항목			확인결과
비행 경력		무인항공기 기종별로 10시간 이상의 비행 경력이 있음	적합 / 부적합
지식		항공법 관련 법령에 관한 지식이 있음	적합 / 부적합
		안전 비행에 관한 지식이 있음 • 비행 규칙(비행 금지 공역, 비행 방법) • 기상에 관한 지식 • 무인항공기의 안전 기능(페일 세이프 기능 등) • 취급설명서에 기재된 일상 점검 항목 • 자동 조종 시스템을 장착한 경우, 해당 시스템의 구조와 취급설명서에 기재된 일상 점검 항목	적합 / 부적합
능력	일반	비행 전, 다음의 항목에 대한 확인이 가능함 • 주위의 안전 확인(외부자의 출입 여부, 풍속·풍향의 기상 등) • 연료와 배터리의 잔량 확인 • 통신계통과 추진계통의 작동 확인	적합 / 부적합
	원격 조종 기체	GPS 기능을 이용하지 않고 안정적인 이륙과 착륙이 가능함	적합 / 부적합 / 해당 없음
		GPS 기능을 이용하지 않고 안정적인 비행이 가능함 • 상승 • 일정 위치, 고도를 유지한 호버링(회전익기) • 호버링 상태에서 기수(機首) 방향을 90° 회전(회전익기) • 전후 이동 • 수평 방향 비행(좌우 이동과 좌우 선회) • 하강	적합 / 부적합 / 해당 없음
	자동 조종 기체	자동 조종 시스템에서 적절한 비행 경로를 설정할 수 있음	적합 / 부적합 / 해당 없음
		비행 중 문제 발생 시, 무인항공기가 안전하게 착륙할 수 있도록 적절한 조작 개입이 가능함	적합 / 부적합 / 해당 없음

년   월   일

비행을 감독하는
책임자 소속·서명   인

※ 개인 신청의 경우, 비행을 감시하는 책임자의 소속·성명란에 서명만으로도 무방함.
주: 성명 기재 후, 도장은 서명으로 대신할 수 있음.

ㅇ 해당 양식은 일본의 무인항공기 조종사에 관한 비행 경력·지식·능력 확인서로 국내의 사정과 다를 수 있습니다.

브리핑 시트

		제작자	NO.

의뢰인		청구금액	원 (세금 포함)
비행 목적			

운항 장소 (소재지)	

운항 루트	

긴급 착륙 장소 ①		②	
총 운항 거리	m	최고 고도	m
조종사(배치)			
관리자(배치)			
보조자(배치)			

일시	년 월 일( ) : ~ :	일시(예정)	년 월 일( ) : ~ :
날씨	풍속 m/s	최저 기온 ℃	최고 기온 ℃
날씨	풍속 m/s	최저 기온 ℃	최고 기온 ℃
허가·승인 ①		허가·승인 ④	
허가·승인 ②		허가·승인 ⑤	
허가·승인 ③		허가·승인 ⑥	

운항 기체		정비·점검자	
예비 기체		정비·점검자	
장애·위협 ①		장애·위협 ④	
장애·위협 ②		장애·위협 ⑤	
장애·위협 ③		장애·위협 ⑥	
보험			
관할 경찰			Tel.
응급 병원			Tel.
장비·비품(개수)·비고			

* 공란이 없도록 해당 사항이 없을 경우는 '없음'으로 기재할 것. * 기재가 없는 것은 본서 기재 시에 인식하고 있지 않음으로 간주함.

이런 폐허에서 촬영을 한다고요!?

이번엔 영화 촬영이야.

거기다 운항 루트도 복잡해서

꼼꼼하게 현장을 확인하지 않으면 안 돼!

목적을 최대한으로 달성하고 가능한 한 장애물들을 피하기 위해서

수평 방향뿐만 아니라 **수직 방향도 포함한** **운항 루트**를 검토해야 해.

그리고 기체가 고장나거나 하면 **긴급 착륙이 가능한 장소**도 조사해둬야 하지.

그렇군요.

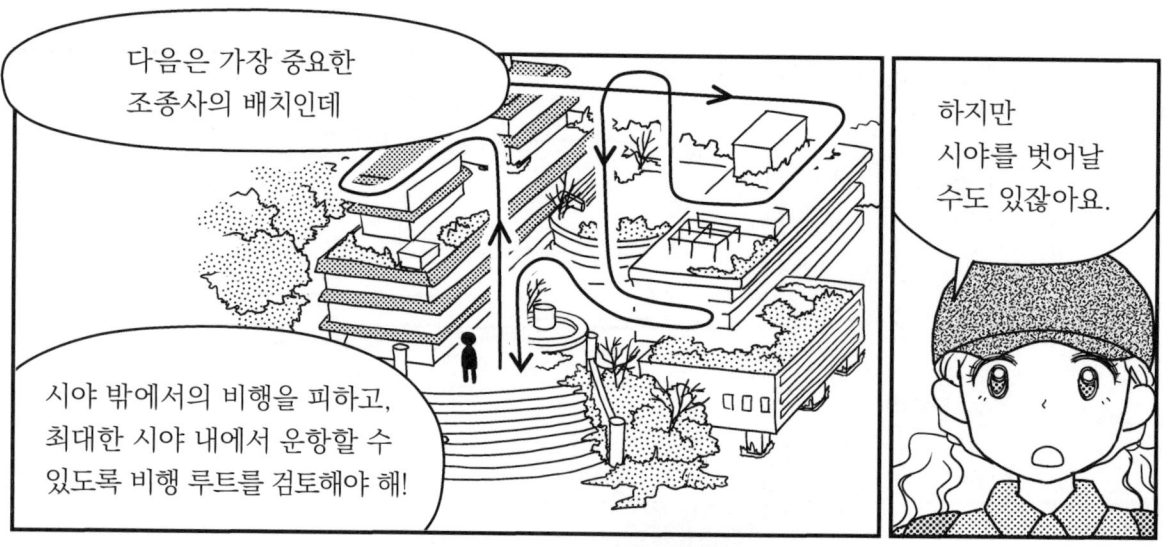

1. 비행 예정 정보를 사전에 정리하고 확인하자

드론을 비행하기 위해서는 비행 일시, 비행 경로, 비행 고도 등 비행 예정 정보를 사전에 정리, 확인하는 것이 중요하다.

그리고 '무인항공기의 비행에 관한 허가·승인 심사요령'에 따라 '항공법'에 기반을 둔 허가와 승인을 받아 비행하는 경우에는 그때마다 비행 전에 드론 정보 기반 시스템을 이용하여 비행 경로에 관계된 다른 드론의 비행 예정 정보 등을 확인함과 동시에 비행 예정 정보를 입력해야 한다.

이것은 드론 보급에 따른 항공기와 드론, 또 각 드론 간의 니어미스(충돌할 정도로 접근하는 비행) 사고가 증가하고 있는 상황을 고려해서 사전에 드론 정보 기반 시스템에 비행 계획을 등록하여 미리 중복을 조정하기 위함이다.

나아가 드론 비행 중에 항공기의 접근을 감지한 경우 화면상에 항공기의 위치정보 등을 표시하여 주의를 환기할 수 있도록 하고 있다.

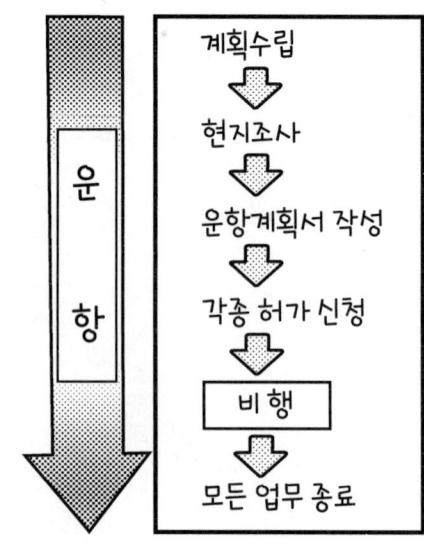

2. 안전한 운항에 꼭 필요한 브리핑

브리핑(사전 브리핑)이란 비행 목적, 비행 일시, 사용 기체, 배터리, 이착륙 지점, 비행 루트, 날씨 정보, 인원 배치, 예상되는 위협, 안전 대책 등 비행에 있어 주의해야 할 사항을 사전에 체크하여 관계자(크루) 전원과 정보 공유를 하기 위한 미팅을 말한다.

'무인항공기 비행에 관한 허가/승인 심사 요령'을 준비하고 무엇보다 안전한 운항을 하기 위해서는 클라이언트(운항 의뢰자), 오퍼레이터(파일럿, 조종사), 디스패처(운항 관리자), 어시스턴트(보조자) 등 비행에 관한 모든 크루가 운항에 관한 정보를 공유하고 여러 상황에서 발생 가능한 리스크에 대비할 필요가 있다.

그러기 위해서 비행 예정 정보를 정리한 '브리핑 시트'를 작성하고 브리핑을 실시한다.

다음은 브리핑에 필요한 내용을 정리한 것이다.

(1) 비행 목적

비행 중에 리스크를 최대한 줄이기 위해서는 가능한 한 비행 횟수를 줄이고 비행시간을 짧게 하는 것이 중요하다.

가장 적은 비행 횟수와 가장 짧은 비행 시간으로 비행 목적을 달성하기 위해서는 운항에 필요한 크루 전원이 목적을 명확히 파악해야 한다. 여기에서는 클라이언트가 누구이며, 무엇을, 어떻게, 무엇을 근거로 업무가 완료됐다고 볼 것인가를 최대한 단순한 단어로 정리해두는 것이 좋다.

브리핑 시트

제작자: 박하늘　　NO. 133

의뢰인	주식회사 △△ 영화
청구금액	××,×××,××× 원 (세금 포함)
비행 목적	항공 신 촬영(5층 건물 부감 촬영)
운항 장소 (소재지)	서울시 ××구 ○○ 2-×-×
운항 루트	건물 남측 ① 이륙 → 50m 상승 → 북 20m 전진 → CCW(반시계 방향 회전) → 서 10m 전진 → CCW → 남 10m 전진 → CW(시계 방향 회전) → 서 20m 전진② → CW → 북 50m 전진③ → CW → 동 50m 전진④ → CW → 남 20m 전진 → CW → 서 10m 전진 → CCW → 남 20m 전진 → CCW → 동 20m 전진 → CW → 서 30m 전진 → 건물 남측 ① 착륙
긴급 착륙 장소 ①	건물 옥상 ⑤
②	건물 서측 녹지대 ②~③
총 운항 거리	600 m
최고 고도	70 m
조종사(배치)	김만환(지도 ①)
관리자(배치)	김만환(지도 ①)
보조자(배치)	김동하(지도 ②), 김동섭(지도 ③), 강보라(지도 ④)
	백다온(지도 ⑤), 박하늘(지도 ⑥)

일시	20××년 12월 2일(월) 6:35~7:35	일시(예정)	20××년 12월 4일(수) 6:35~7:35
날씨	맑음(일별날씨출현률 참조) 풍속 2 m/s	최저 기온 1.3 ℃	최고 기온 19 ℃
날씨	맑음(일별날씨출현률 참조) 풍속 2 m/s	최저 기온 1.9 ℃	최고 기온 23.4 ℃
허가·승인 ①	(×× 공항 사무소) 제한 표면 하	허가·승인 ④	(국토교통성) 사람 또는 건물로부터 30m 미만
허가·승인 ②	(국토교통성) 인구집중지구	허가·승인 ⑤	(토지소유자/임대자) 비행에 관해 승인
허가·승인 ③	(국토교통성) 육안 외 비행	허가·승인 ⑥	(×× 경찰서) 비행에 관해 통지

※ ①~④ 독자적인 비행 매뉴얼을 사용한 개별 신청

운항 기체	BIG 02	정비·점검자	김동하
예비 기체	BIG 01	정비·점검자	김동하
장애·위협 ①	전파 장애	장애·위협 ④	
장애·위협 ②	인근 전철	장애·위협 ⑤	
장애·위협 ③	해풍	장애·위협 ⑥	
보험	(○○ 손해보험) 드론 보험		
관할 경찰	경찰청 서울 ×× 경찰서		Tel. 02-××××-××××
응급 병원	○○ 대학 △△ 병원		Tel. 02-××××-××××

장비·비품(개수)·비고
BIG 02 × 1 / BIG 01 × 1 / 조종기 × 각 1(충전 완료) / 태블릿 × 2(충전 완료)
BIG 02용 배터리 × 4(충전 완료) / BIG 01용 배터리 × 8(충전 완료) / 마이크로 SD 카드(64GB) × 4
라이트닝 케이블 × 2 / 모니터 후드 × 2 / 망원경 × 6 / 특정소전력무선국 트랜시버 × 6 / 헬멧 × 7
소화기 × 1 / 주위 환기용 A형 간판 × 4 / 랜딩 패드 × 2 / 풍속계 × 7 / 스펙트럼 애널라이저 × 1 / 차량 × 1 / 구급 세트 × 1
허가·승인 × 1 / 비행 매뉴얼(사본) × 7 / 민간자격증(각자) / 운전면허증(각자) / 보험증(각자) / 전철시간표 × 2
스마트폰(각자), 별지 지도

※ 공란이 없도록 해당 사항이 없을 경우는 '없음'으로 기재할 것.　　* 기재하지 않은 것은 본서 기재 시에 인식하고 있지 않음으로 간주함.

별지

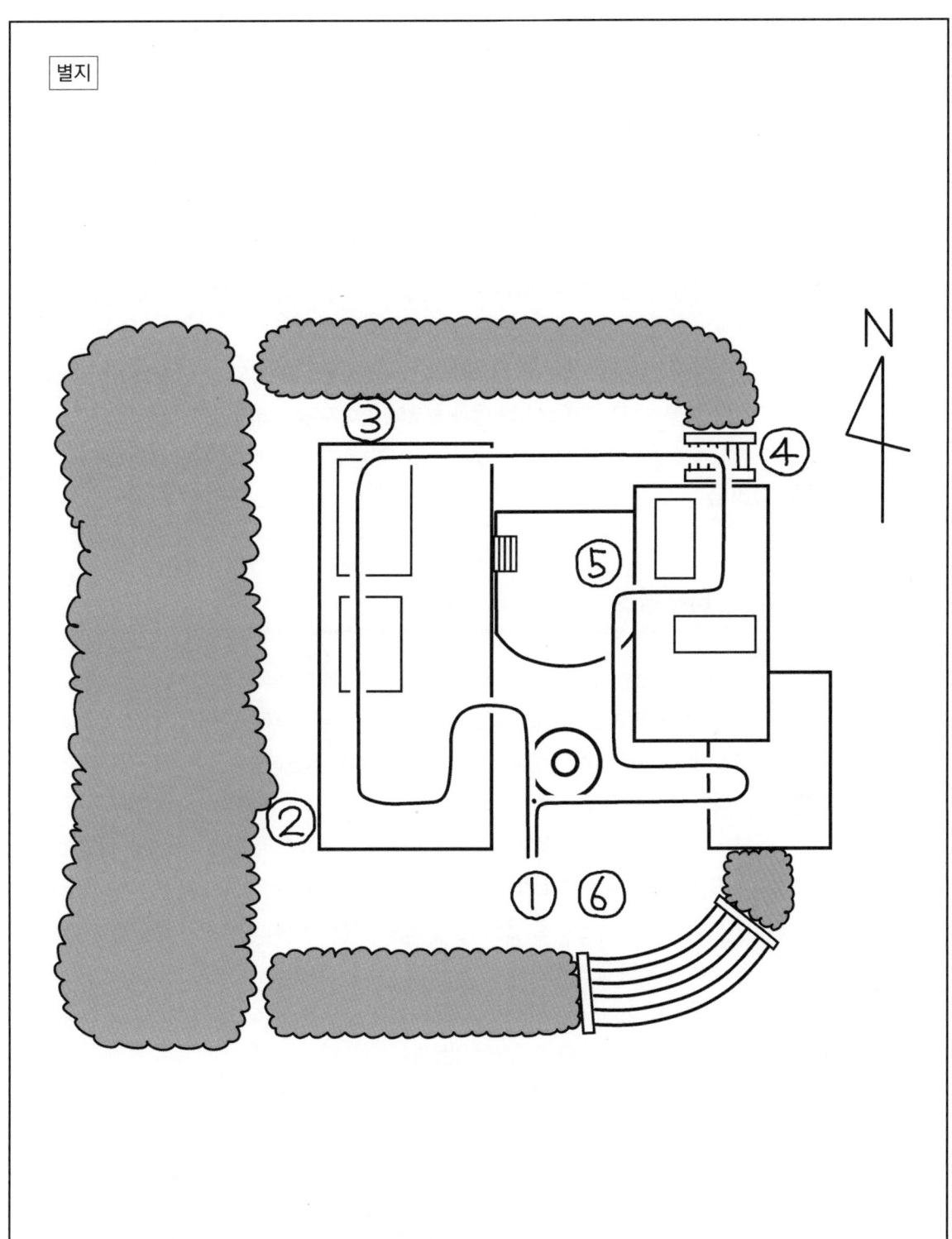

브리핑 시트 기입 예(왼쪽 페이지)와 별지(오른쪽 페이지)

(2) 비행 일시

드론을 안전하게 운행하기 위해서는 풍향, 풍속, 기온(최저기온, 최고기온) 등의 기후와 기상 정보를 사전에 확인하고 비행 일시를 결정한다. 이벤트 등으로 비행 일시를 조절할 수 없는 경우를 제외하고, 기상청 등이 발표하는 일기예보를 참고로 안전하게 비행할 수 있는 일시를 결정하는 것이 중요하다.

그리고 비행 장소 주변에 외부인이나 차량 통행이 적은 일시에 비행하는 것이 좋다. 예를 들어, 비행 예정 장소가 열차 철로에 가까운 곳이라면 일출 직후의 가장 열차의 왕래가 적은 시간을 선택하고, 사람이 많은 장소라면 휴원·휴관일 등을 선택하는 것이 좋다.

(3) 비행 장소

비행 장소는 사전에 정해진 경우가 대부분이지만, 그래도 한번 더 침착하게 그 장소가 안전하게 비행할 수 있는 곳인지를 생각하고 냉정하게 판단해야 한다. 그리고 만약 안전이 보장되지 않는 곳이라면 다른 비행 장소를 활용하도록 관계자를 설득해야 한다.

다음과 같은 점에 주의하자.

- 바람이 불어가는 쪽에서 바람이 불어오는 쪽을 향해 비행하는 것이 가능한가?
- 조종사나 관리자가 기체를 상시 눈으로 확인할 수 있는 지형인가?
- 고속도로·간선도로·철도 등의 교통 인프라나 학교·병원·대형 점포 등의 시설이 부근에 없는가?
- 전파 간섭이 우려되는 큰 송전탑이나 Wi-Fi의 전파가 많이 발신하고 있을 것 같은 맨션이나 호텔이 근처에 없는가?
- 비행 중에 기체 트러블이 발생했을 때 비상착륙 장소는 확보할 수 있는가?

비행에 관한 리스크를 가능한 한 줄일 수 있는 비행 장소를 고르도록 하자.

(4) 이착륙 포인트 · 비행 루트 · 비상착륙 장소 등을 포함한 비행 계획

비행 계획은 운항 목적을 최대한으로 달성하고 장애물 회피와 안전한 운항을 위해 전체적으로 생각해야 한다.

이착륙 포인트: 비행 목적을 최대한 달성할 수 있고 최단 비행이 될 수 있는 이착륙 포인트를 선택한다. 이때, 외부인과 차량과의 거리도 확보해야 한다. 구체적으로 '항공국 기준 매뉴얼'에 준거한 비행에서는 매뉴얼을 따르도록 하며, 그렇지 않은 경우라도 같은 레벨 이상으로 안전을 고려하여 외부인과 차량의 거리를 확보하도록 한다.

비행 루트: 비행 루트는 비행 목적을 달성할 수 있는 최단 루트를 선정해야 하지만,
- 조종사나 운항 관리자가 기체를 상시 눈으로 확인할 수 있는 루트인가?
- 수평 방향뿐만 아니라 수직 방향의 루트도 고려하였는가?
- 배터리를 교체하지 않아도 비행 예정 시간에 들어가는 비행 경로로 되어 있는가?
- 비행 중 기체 트러블 발생 시 비상 착륙 장소는 확보할 수 있는 루트인가?
- (공중에서 촬영할 경우 등에서는) 그림 콘티뉴이티(영화, TV 드라마 등에서 그림으로 표현한 촬영본 대본)나 의뢰인의 의사에 따라 촬영을 할 수 있는 비행로인가, 의도치 않은 역광이 되지는 않는가?

등을 고려하여 비행에 관한 리스크를 가능한 한 줄일 수 있도록 선택한다.

비상착륙 장소: 만일 로터나 프로펠러 등 중대한 문제가 발생했을 경우에도 송신기(조종기)의 신호가 기체에 도달하면, 비상착륙 장소의 상공에서 로터를 '긴급 정지'하고 강제로 비상착륙 장소로 추락시켜 피해를 최소화할 수 있다.

(5) 조종사, 관리자, 보조자 등 운항 관계자의 배치·위치

조종사는 가능한 드론이 비가시권(BVLOS: Beyond Visual Line-of Sight)이나 비전파권(BRLOS: Beyond Radio Line—of—Sight) 배치를 피하도록 한다.

관리자는 이착륙 포인트의 안전을 확보하고 비행 중의 문제를 감시한다. 그러기 위해서 보조자를 포함, 누가 어디에 있어야 하는지를 크루 전원이 파악할 수 있도록 한다.

또, 송·수신기 등의 장비가 없는 경우는 조종사, 관리자, 보조자 등 운항관계자를 구두로 연락을 취할 수 있는 거리에 있도록 배치한다.

(6) 날씨(강수와 안개 유무)와 기상(풍향, 풍속, 최저기온, 최고기온) 상황

비행 예정일 10일 정도 전에 브리핑한다면 당일의 날씨는 일기예보를 참고로 예측하는 것이 가장 좋지만, 그 전에 브리핑해야 한다면 출현율을 참고로 안전 비행이 가능한 일시를 결정하는 것이 좋다.

출현율이란 기상청과 각지의 기상대가 정리한 1981년부터 2010년까지 30년간의 대기현상, 일 강우량, 일 평균 구름양에서 계산한 일별 날씨 출현율을 말한다.

또, 풍속과 풍향도 드론 비행에 큰 영향을 끼친다. 풍속과 풍향에 대해서도 기상청 등에서 발표하는 예측을 참고할 수 있지만, 스마트폰 어플리케이션도 이용할 수 있다.

(7) 이륙·착륙 예정 시각

이륙·착륙 예정 시각은 국토교통성으로부터 사전에 '야간비행 승인'을 얻지 못한 경우 해가 떠 있는 시간으로 한정되는데, 이는 일출부터 일몰까지의 시간을 가리킨다. 가령 승인을 얻었다고 해도 안전성을 생각해서 가능한 한 일출부터 일몰까지의 시간대로 생각하는 것이 좋다.

그리고 피사체를 순광 또는 역광으로 촬영하고 싶은 경우는 태양의 위치와 방향도 고려해서 이륙, 착륙 예정 시각을 결정하도록 하자.

(8) 최대비행거리, 최대비행속도, 페일세이프, 버추얼(지오) 펜스 등의 설정

위기관리를 충분히 한다 해도 사고가 일어날 확률이 전혀 없는 것은 아니다.

때문에 혹시라도 '항공법'이나 '민법' 등의 법령 위반이 되지 않기 위해서 고도, 거리, 범위를 다시 한번 어플리케이션상에 설정해두자. 국토교통성으로부터 사전에 고도의 비행에 대해 허가를 얻지 않았다면 공역(空域)을 넘지 않도록 최대비행거리를 설정해야 한다.

또, RTH(리턴 투 홈) 기동 시, 조작 실수, 고장, 어플리케이션의 버그 등으로 인해 오작동이 발생한 경우에 대비, 페일세이프의 자동귀환고도에 대해 비행 예정지 주변의 가로수나 건축물 등을 고려하여 이를 넘는 고도를 운항 어플리케이션에 설정해둔다.

(9) 운항기체

운항기체 선정은 어려운 문제이다. 목적을 무사히 달성하는 것이 우선이지만, 전파간섭, 풍속·풍향 등 예측할 수 있는 위협에 대응하고 필요한 화질과 화각에서 촬영이 가능한 기체를 고르는 것이 중요하다.

비가 올 것 같으면 밀폐형 방수 설계로 악천후에도 대응 가능한 강한 기체를 선택하고, 바람이 강할 때는 강풍에도 안정적으로 비행할 수 있는 기체를 선택하는 것이 좋다. 그리고 운항 시 기온이 20℃ 이하의 경우엔 자동으로 배터리를 데우는 기능이 있는 기체를 선택하되, 반대로 날이 맑아 풍속이 약할 때 비행하는 경우 혹시 모를 낙하시의 피해를 최소화하기 위해 가볍고 단순한 기체를 고르는 것도 염두에 두어야 한다.

본인이 소유하고 있는 기체에만 연연해 하지 말고 대여가 가능한지도 검토하는 것이 좋다. 사전에 국토교통성으로부터 허가, 승인을 얻지 않으면 안 되는 비행이라도 장기간 빌리면 국토교통성의 허가, 승인하에 비행할 수 있다.

또, 고화질의 화상과 동영상이 필요한 경우는 고성능의 카메라가 탑재되어 있는지, 고성능 카메라나 렌즈를 탑재할 수 있는 기체를 골라야 하고, 공중 촬영 시 피사체에 접근하기 어려울 때는 줌 기능이 탑재된 기체를 고르는 등 비행 목적과 비행 계획에 최적화된 기체를 골라야 한다.

(10) 장비, 비품

기체 다음으로는 기체 주변의 장비에 대해 알아보자. 주요 필수품을 다음 페이지에 표로 정리하였다. 또, 허가·승인을 받은 비행인 경우에도 다음의 사항을 잊지 않고 지참하도록 하자.

[허가·승인을 받은 비행]
- 무인항공기의 비행에 관한 허가·승인서
- 허가·승인 신청 시 첨부한 비행 매뉴얼

배터리는 충분한 개수를 만충전 상태로 지참하고, 조종기도 충전을 해둔다. 마이크로 SD 카드는 부속품뿐만 아니라 여유가 있는 용량의 것을 여러 개 준비해두는 것이 좋다(도중에 사고가 발생하면, 그때까지 촬영한 데이터는 모두 사라짐).

● **드론 비행 시 주요 필수품**

- 송신기(조종기)
- 모니터(스마트폰이나 태블릿 등)
- 접속 케이블(조종기와 모니터를 접속하는 것)
- 충전기, 전원 케이블
- 배터리
- 랜딩 패드
- 예비 프로펠러
- 마이크로 SD카드
- PC, SSD, HD 등
- ND 필터, PL 필터
- 가입한 보험증서의 사본
- 쌍안경 등(비행 매뉴얼 등의 기재에 따라)
- 스펙트럼 애널라이저
- 온도나 풍향·풍속을 측정하는 풍속계(아네모미터)
- 보온 케이스나 핫팩 등(최저기온이 20℃ 이하가 될 경우의 배터리 저전압 대책용)
- 아이스박스와 아이스팩스 등(최고기온이 높은 경우의 배터리나 태블릿 등의 보호용)
- 뚜껑이나 헬멧
- 선글라스(자외선 눈 보호용)
- 스마트폰, 휴대폰 혹은 송수신기
- 드론이 비행하고 있음을 알리는 간판
- 관계자 이외의 출입위치 방지용 콘이나 콘 바(cone bar), 바리케이드 테이프 등
- 드론 운항과 관련된 민간자격증
- 면허증이나 면허장(「전파법」상 필요한 송수신기 등을 사용하는 경우)

또, 촬영한 데이터 백업 보존용으로 PC, SSD, HD 등을 준비해두면 좋다. 케이블류는 순정 케이블이 아니면 에러가 발생할 가능성이 있다.

복장은 가능한 피부의 노출이 적은 긴팔·긴바지를 착용하며, 염좌나 타박상으로부터 다리를 지키기 위해 튼튼한 신발을 신는다. 촬영 시 잘못해서 화각에 들어가 버리는 일도 적지 않기 때문에, 눈에 띄지 않는 색을 고르는 것이 좋다.

연락을 위한 도구로는 항상 사용하고 있는 스마트폰에 마이크가 달린 이어폰을 붙여 사용할 수도 있지만, 드론 비행이 잦은 산간 지역이나 도서 지역에서는 전파 환경이 불안정한 경우가 자주 있다. 또, 스마트폰이 사용하는 전파는 드론의 조종이나 화상 전송에 사용되는 주파수와 가까워서 전파 간섭의 면에서 생각하면 최적의 선택이라고는 할 수 없다. 송수신기 사용을 검토해야 한다.

랜딩 패드는 제3자에게 이착륙 포인트를 고지할 때 쓰며 이착륙 시 모래와 풀이 딸려 올라가 기체가 손상되는 것을 줄이는 효과도 있지만 바람이 강하면(랜딩 패드와 드론이 모두) 날아갈 수 있으므로 상황에 맞게 사용한다.

해상이나 하천 위를 긴급 착륙 장소로 하는 경우에는 긴급 착륙 후 기체 회수를 고려하여 미리 기체에 플로트(튜브와 같은 장비)를 추가(국토교통성 앞으로 사전에 개조 신청을 해야 함)하거나 회수용 고무보트 등을 추가하는 방안을 검토하는 것이 좋다.

그리고 휴대해야 할 장비·비품은 리스트로 만들어서 운항 전에 체크하면 안전성을 높일 수 있다. 조종사만이 아니라 관리자, 보조자도 장비·비품을 준비하면 결품을 줄일 수 있다.

(11) 기체 등의 정비·점검자의 결정

드론 비행 전 점검은 '항공법(일본)' 또는 '항공법 시행규칙(일본)'에 의해 의무로 지정되어 있으며, 위반 시 50만 엔(한화 환산 500만 원)이하의 벌금에 처할 수 있다.

구체적으로는 다음과 같다.

- 각 기기 부품(배터리, 프로펠러, 카메라 등)이 확실하게 부착되어 있는지 확인
- 기체(프로펠러, 프레임 등)에 손상이나 고장이 없는지 확인
- 통신계 등 추진계통이 정상적으로 작동하는지 확인
- 충분한 연료 또는 배터리를 가지고 있는지 확인
- 비행 경로에 항공기 또는 다른 드론이 비행하고 있지 않은지 확인
- 비행 경로에 제3자가 없는지 확인
- 사양상, 설정된 비행 가능한 풍속 범위 내에 있는지 확인
- 사양상, 설정된 비행 가능한 강우량 범위 내에 있는지 확인
- 충분한 시정(視程)이 확보되어 있는지 확인

주의해야 할 것은 비행 전 점검은 국토교통대신의 승인 대상이 아니라 준수가 요구되는 것이다. 승인에 의한 예외는 인정되지 않는다.

비행 전 점검은 안전한 운항을 위한 3요소인 '조종·정비·운항'의 책임이 조종사에게 집중되는 것을 막고, 실수를 가능한 한 예방하기 위해 관리자, 보조자 등 여러 사람이 수행하도록 한다.

또, 정비·점검 때는 '지적환호'를 실시하는 것을 추천한다. 지적환호는 눈으로 보고 팔을 뻗어 손가락으로 가리키고 입을 열어 "○○○, 좋아!" 라고 발성하며, 귀로 자신의 목소리를 듣는 일련의 확인 동작으로, 실수나 산업재해의 발생 확률을 크게 낮추는 효과가 있다. 또한, 1명의 지적환호에 이어 협동하는 작업원이 그것을 복창하는 것을 환호응답이라고 하는데, 이는 지적환호의 효과를 더 높여준다.

⑿ 예상되는 장애 · 위협과 대책

비행 전 답사(로케이션 헌팅)나 인터넷상의 상세한 지도, 항공사진을 통해 비행 전 냉정한 상태에서 비행 중의 장애와 위협을 예상하고 그에 따른 대책을 미리 생각하면

- 비행예정 구역의 표고(標高)
- 고압전선과 송전탑은 없는지
- 고속도로 · 간선도로 · 전철은 근처에 없는지
- 부근에 학교 또는 병원은 없는지

등을 사전에 알 수 있어 정확한 대책을 시행할 수 있다.

⒀ 관계 각처에 사전에 허가 · 승인 취득, 고지 확인

국토교통성, 지방항공국뿐 아니라 공항사무국, 해상보안청, 항만국 사무소 등 비행 전에 얻어야 할 허가와 승인을 잊은 것은 없는지, 관할 경찰서와 비행 공역의 주변 주민 등 비행 전에 해야 할 고지를 잊지는 않았는지를 확인하면 트러블을 미연에 방지할 수 있다.

⒁ 손해배상보험증서의 확인

여러 위험 관리 중에 최종적인 수단이 되는 것이 손해배상보험(시설배상책임보험)이다. 또, 기체 본체나 탑재 카메라가 고장 난 경우에 수리비 등의 손해액과 탐색 · 보수 비용을 보상하는 기체보험(동산종합보험) 등에도 운항 전에 가입해두도록 한다. 보험에 가입해두면 조종사가 마음의 부담을 조금 덜 수 있다. 가입 후에도 운항 때마다 보험 내용과 보상 기간을 확인하고 운항 시에는 보험증 사본 등을 잊지 않고 휴대하여 비상시에 대비한다.

연간 보험료는 평균 30~50만 원 정도이므로 불의의 사태를 생각하여 가입해두기를 추천한다.

⒂ 긴급 시 연락처(관할 경찰, 구급 병원)의 확인

관할 경찰서와 구급 병원의 연락처, 위치를 확인해두면 경찰로부터 문의가 있을 시 대응할 수 있고, 산악 지역이나 낙도 등 구급 의료 기관이 부근에 없는 장소에서 운항 중에 상처를 입었을 때 등의 대책도 마련할 수 있다.

3. 비행 중 주의사항

⑴ 어서션(assertion)

드론을 안전하게 비행하기 위해서는 먼저 전체적으로 비행 계획을 세워야 하지만, 계획대로 되지 않을 경우도 고려해 의뢰인, 조종사, 관리자, 보조자 등 비행에 관련한 크루 간에 궁금한 사항을 주저하지 않고 목소리를 낼 수 있는 커뮤니케이션이 풍부한 팀을 형성하는 것이 중요하다. 이것을 '어서션(Assertion)'이라고 한다.

⑵ 3H 활동

일반적으로 사고와 트러블은 3가지(처음, 변경, 오랜만) 경우에 많이 발생한다. 따라서 특히 경험이 없는 작업이나 처음 참여하는 멤버와 운항을 할 때, 변경사항이 있을 때, 평상시와 다른 장소나 기체로 운항을 할 때, 또 작업 빈도가 감소했을 때, 휴가 직후 등 일 때는 하나하나 확인하면서 업무를 수행하도록 한다.

이렇게 체계적으로 트러블을 미연에 방지하는 활동은 간단하면서도 비용도 필요하지 않아 친숙하게 누구나, 언제든, 어디서나 참가할 수 있고 또 전원 참가로 이어지면 효과도 높일 수 있는 사고 방지 수단이다.

(3) 이상 징후의 공개·축적·공유

중대한 사고까지 이어지지는 않더라도, 중대한 사고로 직결되어도 이상하지 않은, 일보 직전의 상황을 '이상 징후'라고 한다. 이상 징후는 돌발적인 사태나 실수로 인해 식은땀이 날 정도로 놀란 상황을 가리키며 결과적으로 사고로까지 이어지지는 않은 상황을 가리킨다. 하인리히 법칙에 따르면 중대 사고의 이면에는 29건의 경미한 사고와 300건에 달하는 니어 미스가 존재한다.

따라서 각자 경험한 이상 징후를 공개·축적·공유하는 것은 중대한 사고 발생을 미연에 방지하는 데 도움이 된다.

(4) 중단(STOP), 확인(LOOK) 엄수

익숙한 작업을 하다 보면 평소와 다른 상황인데도 미처 깨닫지 못하는 경우가 있다. 이를 예방하기 위해 작업 과정을 세분화하여 과정이 바뀔 때마다 일단 작업을 중단(STOP)하고, 주위의 상황을 확인(LOOK)한다. 이것을 STOP, LOOK(확인·재검토) 엄수라고 한다.

(5) m-SHELL 모델의 활용

사람은 다음 페이지의 그림과 같이 자기 자신(중심의 L)을 둘러싸는 여러 요인에 의해 행동에 영향을 받지만, 각 요인의 상태는 시시각각 변한다. 이들 요인의 상태를 관리하고 휴먼 에러를 방지하기 위해서는 'm-SHELL 모델'을 이용해 검토하면 좋다.

m-SHELL 모델은 중심의 L과 주위의 S·H·E·L의 매칭을 도모하여 매니지먼트(m)를 행하고 전체를 바라보면서 균형을 잡는다.

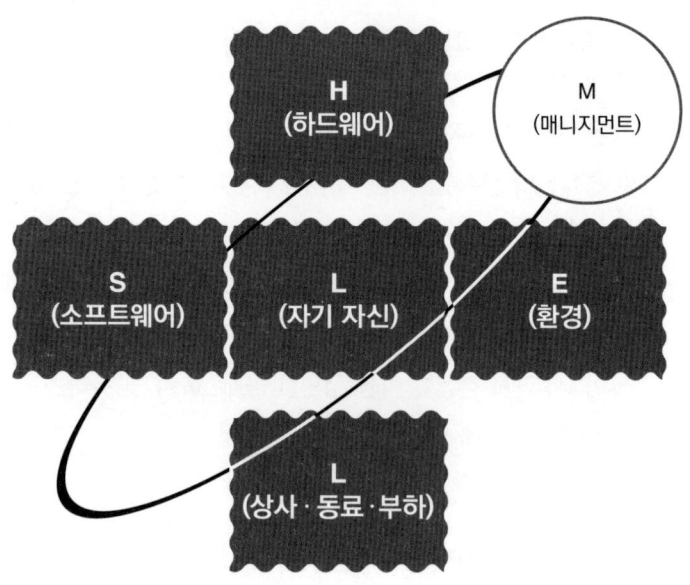

m-SHELL 모델

m: management = 경영방침, 안전관리 등

S: software = 작업 순서와 작업 지시 내용, 이를 적은 절차서, 작업 지시서, 작업 지시를 내리는 법, 교육 훈련 방식 등 소프트웨어에 관계되는 요소

H: hardware = 작업에 사용되는 도구, 기기, 설비 등 하드웨어적인 요소

E: environment = 조명이나 소음, 온도와 습도, 작업 공간의 넓이와 같은 작업 환경과 관계되는 요소

L: liveware = 그 사람에게 명령을 하는 상사나 작업을 같이 하는 동료 등 인적 요소

(6) 위험 감지 훈련

사고를 사전에 방지하는 것을 목적으로 평소 그 작업에 내재되어 있는 위험을 예상하고 서로 알려주는 위험 감지 훈련을 하는 것도 효과적이다. 예를 들면, 평소 운항 시 풍경을 찍은 사진을 팀 앞에 제시하고 다음 순서대로 진행한다.

① **현황 파악:** 어떤 위험이 도사리고 있는지 문제점을 서로 지적한다.
② **본질 추구:** 지적 내용이 취합되면 문제점의 원인 등에 대해 검토하고 정리한다.
③ **대책 수립:** 정리한 문제점에 대해 개선책, 해결책 등을 제시한다.
④ **목표 설정:** 상정된 해결책에 대해 토론한다.

나아가 토론 결과를 게시하거나 발표하여 멤버 간에 정보를 공유, 사전에 위험을 예방한다. 이러한 활동을 정기적으로 실시하면 '위험이 어딘가 잠재되어 있지 않은가?'라고 생각하는 습관이 생길 것이다.

4. 캘리브레이션(Calibration)은 정기적으로 실시하자

드론 기체에는 많은 센서가 탑재되어 있는데, 각 센서가 정확하게 작동해야 안전하게 비행할 수 있다. 센서의 정확성을 높이기 위해서는 평소 정기적으로 각 센서의 교정, 즉 캘리브레이션(Calibration)을 실행하는 것이 중요하다.

(1) 컴퍼스 캘리브레이션(나침반 교정)

컴퍼스는 드론의 기수 방향이 어떤 방향을 향하고 있는지를 인식하는 센서이다. 비행 공역이 바뀌었을 때, 자동 비행 등 직진 정밀도가 필요할 때, 컴퍼스 에러가 표시되었을 때, 그리고 앱 화면상에서 캘리브레이션이 요구되었을 때 실시한다.

이때 스마트폰, 시계, 금속 반지 등 자기(磁氣)에 영향을 줄 수 있는 물건을 없애고 근처에 강한 자기가 있는 장소는 피해야 한다.

(2) 배터리 캘리브레이션

배터리 캘리브레이션은 배터리의 셀(구성 단위)별 전압차를 없애기 위해 실시한다. 20 비행에 한 번은 배터리 잔량을 5% 정도까지 방전하고 즉시 100%로 충전하여 배터리 교정을 실시하도록 한다.

이때, 방전인 채로 두지 않도록 주의해야 한다. 배터리가 재기동 불능이 될 우려가 있기 때문이다.

(3) 짐벌 캘리브레이션

짐벌의 기울기를 수정하는 캘리브레이션이다. 카메라 영상을 보고 롤 축의 기울기가 느껴질 때 등, 수평이면서 지자기(地磁氣)의 영향이 없는 장소에서 실시한다.

짐벌 캘리브레이션은 근처에 강한 자기가 있는 장소를 피해 흔들거나 손을 대지 않고 실시해야 한다.

(4) 스틱 캘리브레이션

스틱 캘리브레이션은 송신기 스틱이 중립이 되지 않을 때 스틱을 중립으로 되돌리기 위해 실시하는 캘리브레이션이다.

또, 송신기(조종기)에서 경보가 울리면 스틱 캘리브레이션을 실시하여 문제를 해결할 수도 있다.

(5) IMU 캘리브레이션

운송 시 진동, 보관 시 자기의 영향, 계속되는 비행으로 인한 진동 등 어긋난 가속도 자이로 센서를 정비하는 캘리브레이션이다. 정지했을 때 지자기의 영향이 없고 수평을 유지할 수 있는 장소에서 흔들거나 손을 대지 않고 실행한다. 또한 기체에 갑작스러운 이상이 생겼을 때 IMU 캘리브레이션을 실행하면 해결되는 경우도 많이 있다.

(6) 비전시스템 캘리브레이션

비전시스템 캘리브레이션은 기체의 사고나 운송 중 진동에 의해 어긋난 비전포지셔닝시스템을 교정하는 캘리브레이션이다. 필요한 어플리케이션을 다운로드한 PC에서 실행한다.

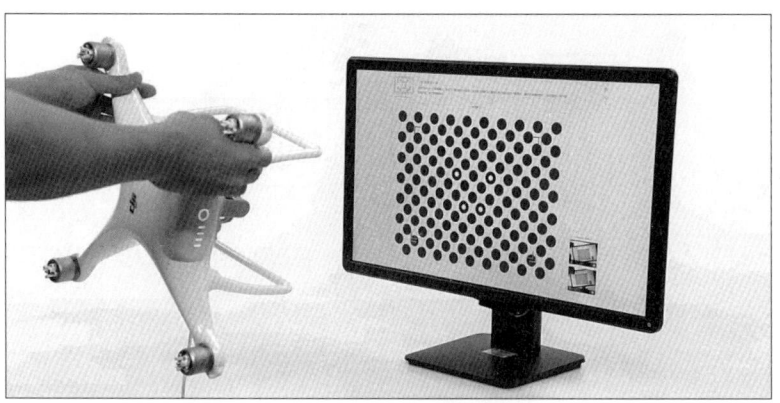

● 비전시스템 캘리브레이션의 모습
(DJI 공식 Web 사이트 내 'How to Calibrate the Vision Positioning System on DJI Phantom 4'에서 인용)

5. 안전한 운항을 위해

(1) 바람에 주의하자

국토교통성 항공국 표준 매뉴얼에는 드론은 풍속 5m/s(초속 5m) 이상인 상태에서 비행해서는 안 된다고 되어 있지만, 제조사의 가이드라인 중에는 풍속 10m/s로 기재되어 있는 것도 있다. 어느 경우든 드론 비행은 강풍 시에는 반드시 피해야 한다.

비행 시 아네모미터(풍속계)를 휴대하고 비행 전에는 풍속을 확인한다. 또 이륙 지점에 바람이 불어오는 쪽을 골라 바람을 타고 날아가도록 하면 출발 시보다 돌아오는 길이 배터리 소모가 적고, 또 운용한계를 넘는 강풍이 불 때도 기체를 이륙 지점으로 되돌리기 쉬워 안전성이 높아진다.

특히 자동 비행 시에는 당일 풍향·풍속을 고려한 비행 경로를 설정하도록 하자.

(2) 급강하는 절대 금물

드론은 각 로터의 모터 회전수 증감만으로 비행을 제어하므로 급격히 모터 회전수를 낮추는 것은 추락 위험과도 같은 위험한 행위이다.

이때 기체에서 발생하는 불어내리는 바람, 즉 다운워시(Downwash)로 인해 프로펠러 주위에 소용돌이 모양의 와류고리 현상(볼텍스 링 스테이트)이 발생하고, 기체는 헌팅(미세한 진동)을 일으켜 세틀링 위드 파워 현상이 일어나 양력이 감소한다.

이와 같은 현상이 발생할 때는 기체를 수평 방향으로 이동시켜 기류의 흐트러짐에서 탈출한다.

그러나 급강하는 가능한 한 피하는 것이 중요하며, 바람이 없을 때는 다운워시에 기체가 들어가지 않도록 수직이 아닌 대각선 아래로 하강시킨다.

반대로 바람이 있을 때는 바람이 다운워시를 가로 방향으로 밀어내기 때문에 수직으로 천천히 강하시킨다.

또 착륙이 임박하면 하강 시 다운워시가 땅에 부딪혀 기체에 튀어 오르면서 기체가 뜨거나 옆으로 흐르는 '지면효과'라는 현상이 발생한다. 지면효과로 인해 기체가 안정되지 않아 위험한 상태가 되기도 한다.

지면효과는 착륙에 지나치게 신중해져 시간을 들이는 등 초저공 비행을 계속할 때 발생한다. 목표 장소에서 다소 벗어나도 신속하게 착륙하는 것이 더 안전하다.

(3) 핸드 릴리스와 핸드 캐치는 어쩔 수 없는 경우에만 하자

기체를 손으로 잡고 이륙시키는 것을 핸드 릴리스, 기체를 손으로 잡고 착륙시키는 것을 핸드 캐치라고 한다. 외형적으로 눈에 띄고 일일이 바닥에 놓는 번거로움도 들지 않기 때문에 무심코 하고 싶어지지만 사고나 부상의 원인이 되므로 가능한 한 피할 것을 추천한다.

● 핸드 릴리스 · 핸드 캐치의 모습

다만, 이착륙 시 강풍으로 인해 기체가 전도할 것 같은 경우나, 배 위에서의 비행 등 안정된 수평면을 확보할 수 없는 장소에서 이착륙하는 경우에는 어쩔 수 없다. 핸드 릴리스 · 핸드 캐치를 실시할 때는 기체를 시선보다 약간 높은 위치로 하고, 스로틀을 조작하는 반대쪽 손으로 잡아서 기체의 랜딩 스키드(다리 부분)의 모서리 또는 세로 방향 부분을 제대로 잡고, 핸드 캐치 후에는 신속하게 전원을 끈다.

(4) 송신기(조종기)의 안테나는 세워서 조종하자

드론 조종에 사용하는 전파는 주로 대지에 수직으로 전파를 보내는 수직편파이므로 송신기(조종기)에서 나온 전파를 기체가 수신하기 쉽게 하려면 송신기(조종기) 안테나는 세워서 조종하는 것이 좋다.

단, 기체가 조종사 바로 위에 있는 경우에는 안테나를 눕혀 조종하는 것이 이상적이다(또한 드론 레이싱 전용기는 원편파의 전파를 이용하기 때문에 조종기 안테나의 방향을 바꿀 필요는 없다).

(5) 조종사는 운항에 적합한 복장으로

드론을 조종할 때는 상공을 계속 쳐다봐야 하므로 선글라스는 연중 필수품이다. 또한 머리와 얼굴을 보호하기 위한 모자류도 필수품이며 상용 대형 드론 조종 때는 헬멧을 써야 한다. 특히 여름철 등 햇볕이 강한 경우에는 부니햇과 같은 챙이 넓은 것이 좋다. 상공에서의 사진 반사를 생각하면 화려한 색을 피하고 검은색 등의 진한 색이 적절하다.

복장은 신체를 보호해야 하므로 긴소매·긴바지가 바람직하고, 모자류도 화려한 색보다는 검은색 등의 진한 색이 적절하다. 신발은 만일의 경우나 긴급 시에는 습지 등에도 들어갈 수 있기 때문에 내수성이 높은 것이 좋다. 한여름을 제외하고는 신체 보호 차원에서 부츠를 신을 것을 권장한다.

(6) 사고가 발생했다면 사람을 최우선으로

만일 인명사고가 발생하면 응급처치를 하고 필요에 따라 119 신고를 하는 등 사람을 최우선으로 고려해야 한다. 그 사이에 비록 기체를 분실했다고 해도 사전에 관할 경찰 유실물 센터의 전화번호를 확인해두면 원활한 응급 대응을 할 수 있다.

그리고 드론 운항으로 인한 사람의 치명적인 부상, 제3자의 물품 파손, 비행 시 기체 분실 또는 항공기와의 충돌 혹은 접근 사안이 발생한 경우에는 국토교통성, 지방항공국 및 공항사무소에 정보를 제공한다.

Memo

제4장
드론 비즈니스 전망

신세를 지고 있는 대표님에게

"드론을 사용해서
뭘 하면 좋을지 모르겠어요"

라는 말은 차마 못하겠어요.

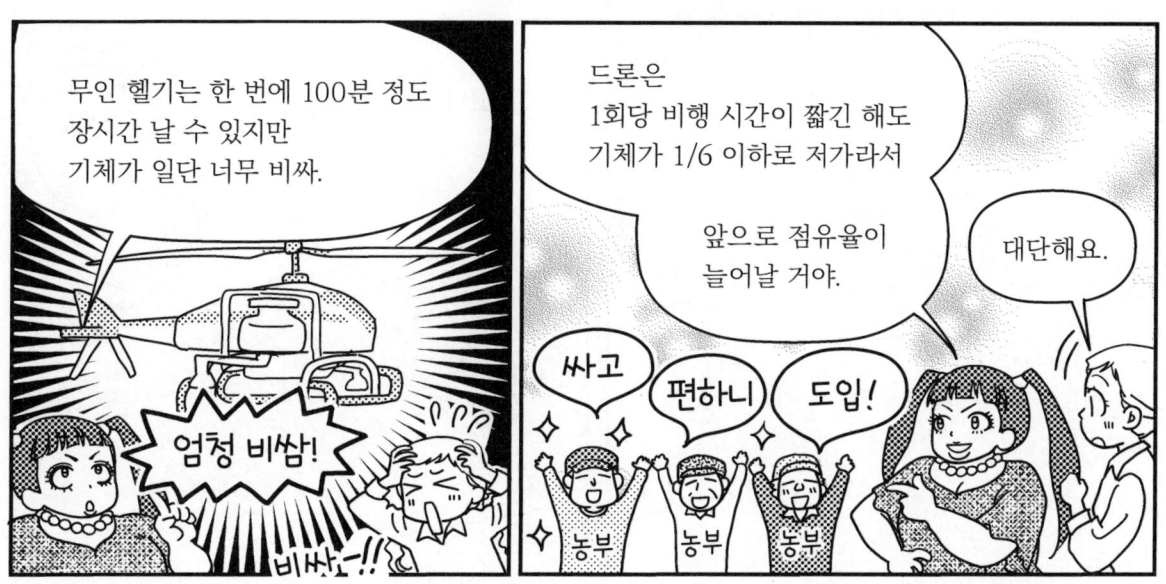

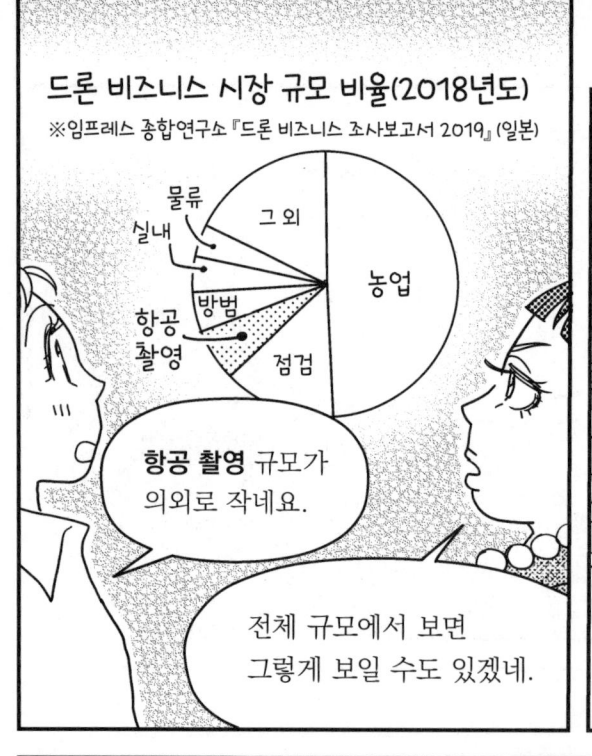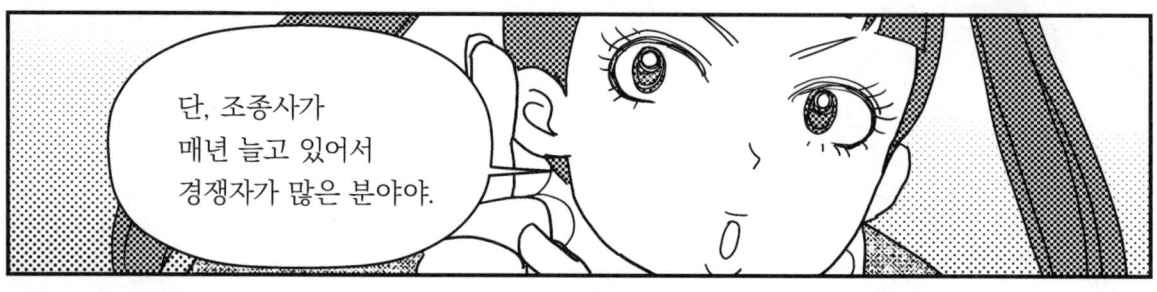

소형무인기 비행 레벨

레벨 1	시야 내 조종 비행
레벨 2	시야 내 비행(조종 없음)
레벨 3	무인지대에서의 시야 외 비행(보조자 배치 없음)
레벨 4	유인지대(제3자 상공)에서의 시야 외 비행 (보조자 배치 없음)

※ '소형무인기와 관련한 환경정비를 위한 관민협의회'의 '항공산업혁명을 위한 로드맵' 내의 비행 레벨 정의

항공법 문제를 어떻게 해결할지가 과제야.

도서·산간 지역에 약이나 물건을 배달할 때는 드론이 편리하겠네요.

비행에 제약이 있으면 사업성이 없겠는데요.

맞아! 그래서 그거 때문이라도 규제 완화가 필요해.

레벨 3
· 도서 산간지방으로의 배송
· 피해 상황 조사, 행방불명자 탐색
· 도심의 인프라 점검
· 하천 측량 등

그래서!!
짜잔!

일본 정부는 2018년 가을에 레벨 3에 관련된 규제를 완화했어.

이 모든 걸 드론으로 할 수 있게 된 거군요!

제4장 드론 비즈니스 전망

1. 드론 비즈니스 시장 규모

향후의 드론 비즈니스의 시장 예측에 관해 많은 싱크 탱크나 리서치 회사가 리포트를 공개하고 있다. 예를 들어, 리서치 스테이션 합동회사(Research Station, LLC)가 공개하는 해외 최신 리서치 '드론 서비스 세계 시장: 2025년에 이르는 산업별, 용도별 예측'에 따르면 드론 서비스 세계 시장 규모는 2018년부터 2025년에 걸쳐 약 15배로 성장할 것이라 한다.

또한, 일본 내 드론 비즈니스의 시장 규모에 대해 (주)임프레스가 공개한 '드론 비즈니스 조사 보고서 2019'는 2018년부터 2024년도에 걸쳐 약 5.4배에 달할 것으로 전망하고 있다(하루하라 히사노리, 아오야마 유스케, 임프레스 종합 연구소: 드론 비즈니스 조사보고서 2019, 임프레스).

이러한 시장 예측을 보면 세계의 드론 비즈니스 시장 규모는 일본의 약 3배 규모로 신장할 것으로 해석된다.

'드론 비즈니스 조사 보고서 2019'의 일본 내 시장 예측에서 2024년도에 가장 점유율이 높은 분야부터 순서대로 나열하면 점검(1,473억 엔, 한화 환산 약 1조 4,730억 원), 농업(760억 엔, 한화 환산 약 7,600억 원), 물류(432억 엔, 한화 환산 약 4,320억 원), 그 외 서비스(251억 엔, 한화 환산 약 2,510억 원), 토목·건축(219억 엔, 한화 환산 약 2,190억 원), 실내(210억 엔, 한화 환산 2,100억 원), 방범(131억 엔, 한화 환산 1,310억 원), 항공 촬영(91억 엔, 한화 환산 910억 원)이다.

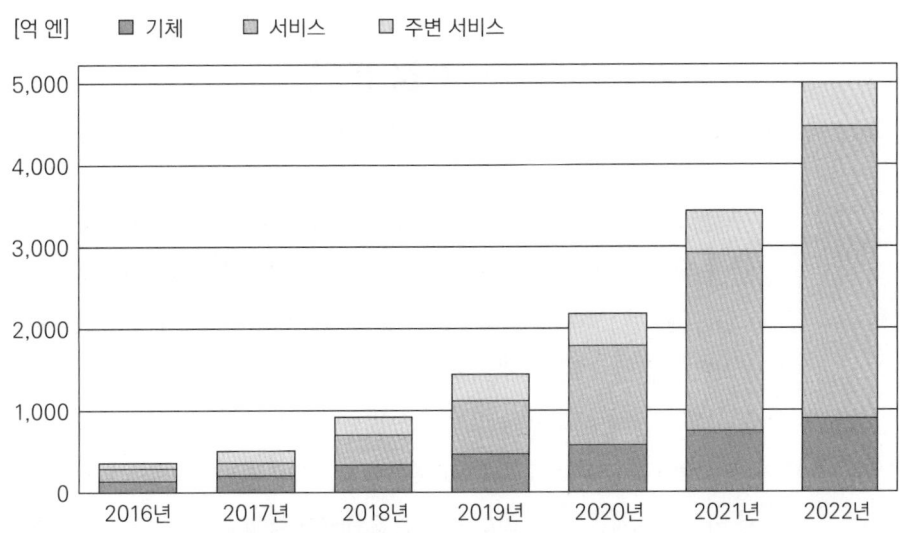

● 일본의 드론 비즈니스 시장 규모 예측
(출처: 임프레스 종합연구소 홈페이지의 '드론 비즈니스 조사 보고서 2019')

제4장 드론 비즈니스 전망

2. 큰 성장이 기대되는 점검 분야

드론을 이용한 점검은 교량이나 터널 내벽, 지붕·옥상, 태양광 패널, 풍력발전소 설비, 송전선·송전탑, 빌딩·맨션 외벽 등 주로 인프라의 점검을 가리킨다.

일본에서는 전후 고도 성장기의 단기간에 만들어진 도로교(道路橋)나 터널 등의 인프라가 많은데, 그것들이 일제히 내구연수를 넘어 노후화되는 것이 큰 문제가 되고 있다. 대책이 급선무이지만 점검 비용이나 기술자 부족 등이 큰 과제이다.

2019년 현재 국토교통성 도로국 국도·기술과의 '교량 정기점검 요령'(2019년)에서 국토교통성 등이 관리하는 교장 2.0m 이상의 다리는 5년마다 1회 빈도로 교량에 관한 지식 및 기능을 가진 사람이 근접 육안으로 필요에 따라 촉진이나 타음 등의 비파괴 검사 등도 병용하여 검사를 실시하게 되어 있다.

즉, '육안'으로 검사해야 하는데, 정부도 이 요령을 개정하여 드론에 의한 검사를 진행하려는 움직임이 있다.

개정을 앞두고 일본전기 등은 도로교에 들뜸이나 박리가 없는지를 두드려 점검하는 드론을 개발하고 있다. 교각이나 다리의 표면을 드론이 망치로 두드려 그 소리나 진동의 차이로 들뜸·박리 여부를 조사하는 것이다. 앞으로는 드론 본체의 비행음과 타음(打音)을 구별해 파형에서 들뜸·박리를 자동 검출하는 소프트웨어를 개발해 기류의 혼란이 일어나기 쉬운 다리 아래에서도 안정적으로 비행할 수 있도록 개량 작업을 진행하고 있다.

● 도로교에 들뜸·박리 여부를 점검하는 드론
(사진 제공: 일본전기㈜)

또한, 적외선 카메라를 탑재한 드론을 사용하여 태양광 발전 패널의 이상 장소나 고장 장소, 경년열화를 검사하는 움직임도 진행되고 있다. 오히려 이러한 검사는 드론을 사용하는 편이다. 점검 정밀도·안전성·비용·시간 면에서 기존의 육안 검사보다 우수하다고 평가받고 있다.

빌딩 아파트의 외벽 타일 들뜸 검사도 적외선 카메라가 달린 드론을 이용하는 움직임이 확산되고 있다. 외벽 타일이 들떠 있으면 다른 부위에 비해 외벽 표면 온도가 달라지기 때문에 그 온도 차를 활용하여 검사를 실시한다.

3. 오랜 실적이 있는 농업 분야에서의 드론 활용

농업 분야에서 드론이 활약할 수 있는 필드에는 다음과 같은 다양한 것이 있다.

농약 살포: 드론에 농약을 적재하여 공중에서 농약 살포

정밀농업: 논, 밭이나 농작물을 드론으로 관리

야생동물 피해 대책: 농작물에 해를 끼치는 야생동물을 드론으로 감시하거나 대책을 시행

(1) 농약 살포

비산(드리프트) 문제나 고액의 헬리콥터 비용을 조달하기 어려운 탓에 이전에는 많은 곳에서 사람이 농약을 짊어지고 직접 살포해야 했다. 그러나 고령화가 진행되면서 인력에 의존하는 농약 살포가 시간·인력·비용 문제로 한계에 직면했다.

반면 드론을 사용하면 속도만으로도 인력의 6배 이상으로 살포할 수 있다. 즉, 인력으로는 1헥타르의 농지에 농약을 살포하는 데 평균적으로 1시간 전후가 걸리지만 드론을 사용하면 1헥타르당 10분 전후로 가능하다. 최근에는 자동 비행에 의한 농약 살포나 입제(粒劑)·종자도 살포할 수 있는 기체 개발도 진행하고 있다. 단, 드론으로 농약을 살포하는 경우 '항공법'에서 정하는 물건 투하와 위험물 수송에 해당하므로 국토교통성에 사전에 신청하여 승인을 받아야 한다. 그 외에도 법률에 의한 규제는 아니지만 일반사단법인 농림수산항공협회(농수협)로부터 기능인정을 받아 공중 살포용 기체를 등록하고 동(同) 단체의 지역협의회 등에 '사업계획서'를 제출하는 것이 관례이다.

(2) 정밀농업

정밀농업이란 논이나 밭, 농작물의 상태를 관찰해 농작물의 수량 및 품질 향상을 도모하고 그 결과에 근거하여 장래의 계획을 세우는 일련의 농업관리 기법을 말한다. 미국이나 호주의 광대한 농지에서는 농작물의 상태를 일일이 도보로 확인하기가 어렵다. 이러한 국가에서 정밀농업이 발전하게 된 배경이 있는데, 이전에는 농지의 상태나 농작물의 생육 상황을 원격 탐사하기 위해 인공위성에 탑재한 적외선이나 가시광선 카메라를 활용해야 했으므로 상당히 큰 농장이 아니면 정밀농업을 도입하기가 어려웠다. 그러나 드론을 사용하면 정밀농업에 드는 비용과 시간이 절감되고 비교적 좁은 농장에서도 도입할 수 있으며 정확도가 높다는 장점이 있다.

반면 국내의 경우 논과 밭, 농작물 관리를 농업 종사자의 풍부한 경험과 예리한 육감에 의존해 왔다. 그러나 농업 종사자의 평균 연령이 고령화되면서 경험과 감에 의존하는 논, 밭, 농작물 관리가 이전보다 더 어려워지고 있다. 심지어는 경작할 사람이 없는 경작포기 농지 증가가 문제가 되고 있는데 이에 따라 경작포기 농지를 농업법인에 매각하거나 임대하는 움직임도 활발해지고 있는 실정이다. 따라서 드론을 활용하는 정밀농업에 이목이 집중되고 있다.

드론을 도입하면 지금까지 경험과 감에 의존해 온 관리의 각 요소를 수치화해서 논이나 밭, 농작물을 보다 과학적으로 관리할 수 있다. 게다가 가시광선 카메라로부터 얻은 정보를 해석할 뿐만 아니라 멀티 스펙트럼 카메라나 하이퍼 스펙트럼 카메라를 탑재한 드론을 자동항행시키면 사람의 눈으로는 수집하기 어려운 정보도 모아서 분석할 수도 있다.

드론을 농업 분야에 도입하면 새로운 비즈니스와 고용 창출로도 이어질 수 있으며 초보자도 논과 밭의 관리, 농작물의 품질과 생산성 등도 일정 수준을 유지할 수 있다. 농업 분야는 드론 도입으로 인해 아날로그에서 디지털 산업으로 변화를 맞이하고 있다.

(3) 야생동물 피해 대책

신문과 TV 뉴스에서도 접하는 일이 늘어난 것처럼 농가에서는 야생동물 피해 대책이 큰 과제가 되고 있다. 일본의 농림수산성이 정리한 '전국 야생 조수(鳥獸)에 의한 농작물 피해 현황(2017년도)'에 따르면 2017년도 야생동물에 의한 농작물 피해 금액은 약 164억 엔(한화 환산 약 1,640억 원)에 달한다.

또한, 지방의 급속한 고령화와 인구감소 및 완충지대가 되는 야산 감소 등의 영향으로 농작물뿐 아니라 사람에 대한 위해도 많이 발생하고 있다.

야생동물 피해 대책으로는 수렵·구제·포획 틀 설치 등에 의한 침입 방지, 방임 과수(果樹)의 벌채에 의한 먹잇감, 은신처의 박멸 등을 들 수 있는데, 대책을 담당하는 사람들의 고령화가 심각한 문제가 되고 있다.

그래서 드론에 고성능 카메라와 적외선 카메라를 탑재해 야생동물 피해 실태를 조사하고 동선에 덫을 놓거나 드론에 라이트와 스피커를 탑재해 쫓는 등의 활동이 이루어지고 있다. 예를 들면, 가나가와현에서는 '가나가와 조수 피해 대책 지원 센터'를 설치해 야생동물 피해의 흔적이나 전기 틀 등의 방호 대책, 덫 설치 상황 등을 감시하는 데 드론을 도입하고 있다.

4. 기대가 높아지는 물류 분야에서의 드론 활용

2011년을 정점으로 일본의 인구는 감소세로 돌아서고 있으며 물류 분야에서도 이미 운송기사를 비롯한 노동력 부족이 심각하지만 향후 저출산·고령화의 심화, 생산 연령 인구의 감소에 따라 더욱 어려워질 것으로 예상된다.

또한, 과소화가 진행되고 있는 지역 등에서는 화물 총량의 감소로 물류업자는 수지가 맞지 않는 한편, EC 사이트(온라인 쇼핑) 등의 통신판매의 급속한 이용 확대, 인터넷을 이용한 개인 간 매매 증가로 인한 소량 배송 의뢰는 급증하고 있다.

즉, 소비자의 라이프스타일은 크게 변화하고 있고, 그에 따라 물류에 대한 요구도 크게 바뀌어 수송의 소규모화·다빈도화에 의한 수송 효율 저하가 진행되고 있다. 이 문제는 과소 지역에서는 더욱 심각해 식료품 등 일상생활에 필수적인 것조차 쇼핑이 어려운 상황에 놓인 이른바 '쇼핑 약자' 문제가 불거지고 있다. 환경 부하가 적은 지속 가능한 물류의 확보가 매우 중요한 과제이다.

더욱이 최근, 호우나 지진 등의 자연재해로 육상 교통이 마비되는 피해가 많이 발생하고 있어 대규모 재해 시에도 물류의 기능을 유지하기 위해 평소부터 복수의 수송 수단을 확보해 두는 중요성이 더해지고 있다(국토교통성, '과소 지역 등에서의 드론 물류 비즈니스 모델 검토회 중간정리, 2019').이러한 물류 분야의 문제 해결, 서비스 수준 향상을 위한 새로운 수단으로서도 드론에 기대가 집중되고 있다.

아직 드론에 의한 물류는 실용화가 멀었다고 생각하기 쉽지만 앞에서 언급한 '드론 비즈니스 조사 보고서 2019(일본)'에 따르면 점검 분야, 농업 분야에 이어 2024년도에는 432억 엔(한화 환산 약 4,320억 원)의의 시장에 이르는 큰 산업으로 발전할 것으로 예측되고 있다. 실제로 일본 정부가 발표한 '항공 산업혁명을 위한 로드맵 2019'에서도 제3자 상공 등 유인지대에서의 육안 외 비행인 이른바 '레벨 4'를 규제 완화하고 도시의 물류, 경비 등을 실현하는 것을 목표로 하고 있다.

5. 사회적 공헌도가 높은 여러 분야에서의 드론 활용

　　드론은 헬리콥터보다 크기가 작아 낮은 하늘을 날 수 있고 추락 시 위험도가 비교적 낮아 경호와 시설 경비에도 효과적이며 좁은 장소에도 들어갈 수 있는 장점이 있다.

　　일본의 방위성은 2019년도에 자위대원의 직업훈련에 드론조종사 자격취득과목을 신설하기로 하고 방재, 경비, 측량 등에서 수요 확대가 예상되는 드론 조종 분야의 역량을 강화해 군인의 재취업 직역을 늘리는 동시에 부대 내 드론의 이용 확대에도 기여할 것이라고 밝혔다. 실제로 2018년에는 홋카이도 유후쓰군 아츠마쵸에서 일어난 지진 직후에 육상 자위대가 현지에서 총 8대의 드론을 띄워 피해 상황을 파악하고 이재민을 수색하는 데 유용하게 썼다. 그리고 향후에도 드론의 신규 조달을 늘리겠다는 계획이다. 소방과 방재 분야에서도 드론의 도입이 진행되고 있다. 주로 재해 현장에서 신속하고 광범위한 정보 수집에 효과를 발휘할 것으로 예상되며 이미 2016년 구마모토 지진, 이토이가와시 대규모 화재, 2017년 규슈 북부 호우 등 대규모 재해 시에도 드론이 활용되는 등 그 사례가 늘고 있다. 향후 발생이 우려되는 남해 트로프 지진 등 광역적 재해 시 긴급 소방원조대의 소방활동용 정찰시스템으로서도 드론에 대한 기대가 높아지고 있다.

　　또한, 향후 추가적인 소방과 방재 분야에서 드론을 활용하는 방법으로 수난(水難) 구조 현장에서의 구명부환, AED(자동심장충격기), 구조 로프 반송 등 구명 활동의 지원이 예상된다. 즉, 사람이 접근할 수 없는 장소, 좁은 도로나 주택 밀집지 등의 현장에도 드론은 쉽게 도달할 수 있다는 것에 큰 기대를 걸고 있다.

　　하지만 화재의 경우 기체 온도가 올라가서 고장이 나거나 타버릴 수 있어서 화재 현

● 내화성을 갖춘 세계 최초 내화형 드론 QC730FP
(사진제공: ㈜엔루트)

장에서는 상공 50m 부근까지만 접근하는 것이 한계였다. 그래서 ㈜엔루트는 국립연구개발법인 신에너지 산업기술종합개발기구(NEDO)의 '로봇 드론이 활약하는 에너지 절약 사회의 실현 프로젝트'에 참가하여 화재 현장에서 신속한 구조 활동과 상황 확인을 지원하는 '내화형 드론'의 연구 개발에 착수하였다.

또한, 경시청은 드론을 이용한 사체 유기 사건 수색 등을 위한 감식 활동 훈련을 실시하고 있다. 2018년부터는 화재 현장 실황 분별에 드론을 투입하고 있으며 단시간에 넓은 범위를 조사할 수 있다는 이점을 살려 수색·검증 현장에서도 활용을 진행하고 있다.

6. 비약적으로 정밀도가 높아지는 토목·건축 분야에서의 드론 활용

토목·건축 분야에서의 드론 활용은 2024년에는 219억 엔(한화 환산 약 2,190억 원)으로 신장하리라 예상되는 큰 시장이다. 구체적으로는 측량과 공사의 진척 상황 촬영이 주용도다.

측량은 국가 또는 지방공공단체가 실시하는 기본측량, 공공측량 등은 '측량법'에 따라 등록된 측량사 또는 측량사보가 아니면 기술자로서 종사할 수 없다고 되어 있다. 게다가 이러한 측량은 '측량법'에 따라 등록된 영업소마다 측량사가 1명 이상 있는 측량업자가 아니면 맡을 수 없게 되어 있으며, 등기를 목적으로 한 측량은 토지가옥조사사가 아니면 할 수 없다.

이러한 고도의 정밀도가 필요한 기본측량 및 공공측량 등을 포함한 작업에 대해 국토교통성은 건설생산시스템 전체의 생산성 향상을 도모하고 매력적인 건설 현장을 목표로 하는 대책인 'i-Construction(아이 컨스트럭션)'을 2015년 이후 추진하고 있다. 이것은 지금까지 아날로그의 세계였던 토목·건축 현장의 경영환경을 합리적으로 개선하는 것으로, 노동 수준을 높여 자동화나 ICT 등에 의한 관리·운영을 도입하여 생산성을 높이는 데 그 목적이 있다.

또한, 건설 현장의 품질 관리나 안전 관리에 드론을 활용하는 움직임도 가시화되고 있다. 대형 종합건설업자인 ㈜다케나카 공무점은 오사카부 스이타시의 센리 EXPO 공원 내에 건설한 시립 스이타 축구 스타디움의 시공 시 드론을 도입해 품질 관리와 안전 관리에 활용했다.

최근에는 RFID(Radio Frequency Identification, 무선 인식)가 보급되면서 건설 현장에서 자재 관리 부문에서 드론이 활약하는 사례가 증가하고 있다.

RFID란 근거리 무선통신을 이용한 자동인식기술을 말하며 무선통신을 이용하여 IC 태그를 부착한 다양한 대상물을 식별하고 관리하는 시스템이나 그 부품을 말한다. 광대한 자재 현장 여기저기에 흩어져 있는 자재에 붙여진 RF 태그를 드론이 자동으로 판독하여 자재 위치를 지도상에 매핑함으로써 사람의 손을 거치지 않고서도 재고량과 보관 장소를 관리할 수 있다. 이처럼 노력과 수고가 드는 옥외 자재를 자동으로 관리하는 서비스 제공이 시작되고 있다.

7. '항공법' 등의 규제가 적은 실내에서의 드론 활용

드론의 활용을 생각할 때 '항공법' 등의 제한을 받는 문제는 빈번히 발생한다. 하지만 벽, 천장, 네트 등으로 둘러싸인 실내라면 항공법에 따른 규제를 받지 않아도 된다.

예를 들면, 블루 이노베이션㈜이 수입·판매하는 실내 설비 점검 드론 'BI 인스펙터 ELIOS'는 스위스 플라이어빌리티(Flyability)의 점검용 원형 드론으로 직경 40cm의 카본 파이버로 만든 원형 프레임에 덮인 Full HD 카메라와 열감지 카메라를 탑재한 700g의 경량 원형 드론인데, 이러한 특징 때문에 하수도와 보일러실 등 GPS가 닿지 않고 협소하며 어두운 실내에서의 점검 작업에서 활약이 기대되고 있다.

이러한 드론을 사용하면 하수도나 보일러실과 같은 위험한 장소에 사람이 출입하지 않아도 돼 안전성이 향상된다. 그리고 그동안 며칠에 걸려 하던 작업도 몇 시간 만에 끝낼 수 있게 돼 작업 효율 향상도 기대할 수 있다. 게다가 인건비 삭감에도 크게 기여해 시간 단축·비용 삭감이 가능하다.

8. 틈새시장이지만 사회공헌도가 높은 방범 분야에서의 드론 활용

　드론을 사용하면 넓은 부지와 높은 곳의 경비나 설비를 점검하고 관리하기가 훨씬 효율적이라는 것은 쉽게 상상할 수 있을 것이다. 예를 들어, 세콤㈜에서도 드론을 연동한 경비감시 서비스를 제공하고 있다.
　드론의 자율비행으로 정기적으로 시설 내를 순회해 상공에서 촬영하면 기존의 고정 카메라보다 사각(死角)이 적고 광범위한 촬영이 가능하며 옥상 등 사람의 출입이 위험한 장소에서도 간단하게 감시할 수 있다. 아울러 시설 내에 부착된 센서와 연동하도록 하면 센서가 감지된 단계에서 자동으로 드론이 자율비행으로 현장을 향해 이상을 확인하고 촬영할 수 있다.

9. 항공 촬영 분야에서의 드론 활용

　드론에는 기본적으로 카메라가 달려 있기 때문에 드론 비즈니스를 떠올릴 때, 가장 먼저 항공 촬영을 생각하는 경우도 많지만 항공 촬영 분야에서 드론의 활용은 이미 포화 상태로 비즈니스로서 시장 확대를 기대하기 힘들다.
　CM(Commercial Message)이나 MV(Motion Video) 버라이어티 프로그램의 경우 드론을 이용한 항공 촬영 영상의 요구는 증가하고 있어 최상위의 조종사 중에는 연봉 1억 엔(한화 환산 10억 원)이상인 사람도 있다고는 하지만, 이러한 일은 소속사를 통해 한정된 톱 조종사에게 의뢰되는 경우가 많아 신인 조종사에게 신규로 의뢰가 들어오는 일은 드물다. 게다가 드론 사용을 위한 허가·승인 신청 건수가 해마다 증가하고 있듯이 경쟁자는 많고, 드론에 부속된 카메라나 렌즈의 성능이 해마다 향상되고 있어 누구나 깨끗하고 선명한 항공 촬영과 동영상을 촬영할 수 있게 되어 신규 참가도 어려워지고 있다. 그렇게 생각하면 항공 촬영 분야에 오랜 세월 몸담아 기술이 나아져도 수입은 나아지지 않을지도 모른다.

하지만 웨딩 전문, 모터 스포츠와 같은 움직임이 빠른 스포츠 전문, 선명한 일출이나 일몰과 같은 특수한 기후 전문 등 테마를 잘 잡아서 스킬뿐 아니라 노하우를 연마하면 의뢰 건수는 앞으로도 늘어날 거라 예상된다.

우수한 공간 파악 능력과 예측 능력을 살린 입체적이고 다이내믹한 영상을 촬영하는 조종사(파일럿)로 인기인 나카무라 사토시는 '공간 파악 능력이 보통 사람보다 10배 정도는 높지 않을까 생각한다. 자전거 코스로 2~3회 정도 드론으로 돌고 나면, 대략적인 촬영 이미지를 떠올릴 수 있어 생동감 넘치는 영상을 찍을 수 있다'고 자신의 스킬에 대해 말한다. 사토시의 유튜브 관련 영상 총 재생수는 200만 회를 기록하고 있으며, 그는 프로 드론 조종사로서 세계를 무대에서 활약하고 있다.

● 프로 드론 조종사 나카무라 사토시
(ⓒJOI / @balisatoshi / 요시다 히게토시)

10. 드론을 사용한 새로운 비즈니스를 생각할 때는 정부 정책도 참고하자

점검 분야, 농업 분야, 물류 분야, 그 외 서비스 분야, 토목·건축 분야, 실내 분야, 방범 분야, 항공 촬영 분야에 대해 살펴보았지만 현재 전개 또는 예측지 못한 분야에서 드론을 사용한 비즈니스가 탄생할 가능성이 있다. 그것이 바로 드론의 큰 매력 중 하나라고 생각한다. 기존의 비즈니스 분야에서 활약하는 것 외에 아직 아무도 내다보지 못한 새로운 드론의 가능성을 여러분도 반드시 찾아보길 바란다.

단, 드론을 사용한 새로운 비즈니스를 창조할 때는 정부 정책도 참고해야 한다. 정부는 정책이 필요한 사회 문제에 대해 방대한 비용과 인재를 들여 연구하고 시책을 논의하고 있다. 그것이 정책이다. 따라서 정부 정책에 따른 새로운 비즈니스를 창출하면 시장성이 전혀 없어 실패하는 경우는 피할 수 있다. 내각부와 경제산업성 등의 홈페이지에서도 드론 산업 로드맵을 공개하고 있다.

11. 하늘을 나는 택시에 대한 계획

일본의 경제산업성은 2018년 말에 하늘 이동 혁명을 위한 민관협의회 자료로서 '하늘 이동 혁명을 위한 로드맵'을 공개했다. 이 로드맵은 이른바 '하늘을 나는 자동차', 즉 전동·수직 이착륙형·무조종자 항공기 등을 이용한 친숙하고 간편한 하늘 이동 수단의 실현이 도시나 지방에 산적해 있는 현안 문제를 해결할 수 있는 가능성에 주목해, 관민이 임해야 할 기술개발이나 제도 정비 등에 대해 정리한 것이다.

그러나 실현되기까지는 제도나 체제 정비, 기체나 기술 개발 등 해결해야 할 과제도 많이 있다. 오사카부는 오사카시 코노하나구 유메하나 마이슈 등에서 실증 실험을 예정하고 있다. 또한 현지 중소기업의 기술을 결집해 1시간 정도의 연속 비행이 가능하고 6개의 프로펠러로 비행하는 1인승 기체 '하늘을 나는 자동차'를 개발하는 프로젝트에 참여하여 2025년 열리는 오사카 엑스포에서 시범 비행하는 것을 목표로 하고 있다.

한편, '하늘을 나는 자동차'에서 드론은 이미 무인이 아니며, 또 드론이 아니라고 하는 의견도 있지만 여기서 말하는 '사람'은 드론(무인 항공기)의 정의에 따라서 조종사라고 생각해야 한다. 반대로 말하면 '유인 항공기'의 기능이 향후 '무인 항공기(드론)'로 옮겨질 것으로 예상할 수 있다.

도시에서 짐이나 사람을 옮길 수 있도록 하기 위해서는 무엇보다 안전하게 비행할 수 있는 기체를 개발하는 것도 당연하지만, 기체의 운항을 관리하는 사회 시스템의 구축도 필요하다. 이는 최신 기술로 볼 때 실현 불가능한 일은 아니다. 이로 인해 가까운 미래에 드론을 이용한 물건과 사람의 대량 이동이 현실화되면 심각한 사회 문제인 노동력 부족 해소에도 기여할 수 있으며 사람의 실수로 인한 교통사고가 없는 안심·안전한 사회가 구축되지 않을까.

Memo

부록
일본의 2019년 항공법 및
항공법 시행규칙
전면 개정 포인트 해설

 2019년 9월 18일부터 시행된 항공법과 항공법 시행규칙 개정 포인트를 알려줄게.

점점 더 드론을 날릴 수 없게 되겠네요.

 잠깐! '드론을 날릴 수 없게 된다'고 말한다면, 잘 이해하고 있는지 더 걱정인데.

먼저 항공법에 나오는 드론 관련 법률에 대해 올바로 알아보자. 기본은 '절대 NG는 아니라는 것'이야.

이것도 저것도 다 금지는 아니라는 거네요.

 오히려 반대야. 사전에 필요한 조절과 안전 대책을 세우고 신청해서 허가를 받으면 비행할 수 있어. 비행 공역과 비행 방법에 대해 한번 더 복습해볼까?

(1) 비행 공역에 관해('항공법' 제132조 제1·2호)

다음과 같이 '항공법' 제132조 제1호 및 제2호에 **정해진 공역에서 비행할 경우에는 지방 항공국장에게 미리 신청을 하고**, 필요한 조정이나 안전대책을 세우면 비행을 허가한다고 되어 있다.

> **항공법 제132조(비행 금지 공역)**
>
> 누구라도 다음에 열거하는 공역에서는 무인항공기를 비행하게 하여서는 아니 된다.
>
> 단, 국토교통대신이 그 비행으로 항공기 항행의 안전과 지상 및 수상인 및 물건의 안전을 해할 우려가 없다고 인정하여 허가한 경우에는 그러하지 아니하다.
>
> 1. 무인항공기의 비행으로 항공기의 항행 안전에 영향을 미칠 우려가 있는 것으로서 국토교통성령에서 정하는 공역
> 2. 전호에 열거한 공역 이외의 공역으로서 국토교통성령으로 정하는 사람 또는 가옥이 밀집한 지역의 상공

여기서 '다음에 열거하는 공역'이란 구체적으로는 다음과 같습니다.
- 공항 주변의 공역
- 지표 또는 수면에서 150m 이상 높이의 공역
- 인구밀집지역

봐봐.
'안전이 손상될 우려가 없다고 인정하여 허가한 경우'라고 되어 있지?
이런 경우에는 '비행해도 OK'인 거야.

네!
허가를 받을 수 있을 만한 대책이 필요하다는 거군요.

허가 신청을 위한 주의 사항은 p.99를 보면 자세히 알 수 있어. 복습해 둬.

(2) 비행방법에 관해('항공법' 제132조2 제5·6·7·8·9·10호)

아래와 같이 '항공법' 제132조의2, 제5호, 제6호, 제7호, 제8호, 제9호 및 제10호에 **규정한 규칙에 해당하지 않는 비행을 원할 경우는 지방 항공국장에게 사전에 신청**하고, 필요한 조절과 안전 대책이 있을 시 비행을 **승인**한다.

▼ '항공법' 조항을 보면 이를 알 수 있다.

> **항공법 제132조의2(비행 방법)**
>
> 무인항공기를 조종하는 자는 다음에 열거하는 방법으로 이를 조종해야 한다. 다만, 국토교통성 명령으로 정하는 바에 따라, 미리 제5호부터 제10호까지에 열거하는 방법의 어느 하나에 의하지 아니하고 비행하게 하는 것이 항공기 항행의 안전과 지상 및 수상인 및 물건의 안전을 해할 우려가 없는 것에 대하여 국토교통대신의 승인을 받은 때에는 그 승인을 받은 바에 따라, 이를 조종할 수 있다.
>
> (중략)
>
> 5. 일출부터 일몰까지의 사이에 비행하게 할 것
> 6. 해당 무인항공기 및 그 주변 상황을 육안으로 상시 감시하여 비행하게 할 것
> 7. 해당 무인항공기와 지상 또는 수상인 또는 물건 간에 국토교통성 명령으로 정하는 거리를 유지하여 비행하게 할 것
> 8. 제례, 잿날, 전시회 및 그 밖의 여러 사람이 모이는 행사가 열리는 장소의 상공 이외의 공역에서 비행하게 할 것
> 9. 해당 무인항공기에 의해 폭발성 또는 인화성이 있는 물건 및 그 밖에 사람에게 위해를 주거나 다른 물건을 손상할 우려가 있는 물건으로서 국토교통성 명령으로 정하는 것을 수송하지 않을 것
> 10. 지상 또는 수상인 또는 물건에 위해를 주거나 손상을 입힐 우려가 없는 것으로서 국토교통성 명령으로 정하는 경우를 제외하고, 해당 무인항공기에서 물건을 투하하지 않을 것

여기서 '다음에 열거하는 방법'이란 구체적으로 다음과 같습니다.

- 낮(일출부터 일몰까지)에 비행하게 할 것
- 육안(직접 육안에 의한) 범위 내에서 무인항공기와 그 주위를 상시 감시하고 비행할 것
- 사람(제삼자) 또는 물건(제삼자 건물, 자동차 등)과의 사이에 30m 이상의 거리를 두고 비행 할 것
- 제례, 잿날 등 다수의 사람이 모이는 행사 상공에서 비행하지 말 것
- 폭발물 등 위험물을 수송하지 말 것
- 무인항공기에서 물건을 투하하지 말 것

여기에 '안전을 해할 우려가 없는 것에 대하여 국토교통대신의 승인을 받은 때에는'이라고 되어있는데, 이건 '승인을 받으면 비행할 수 있다'라는 뜻이야.
승인 신청 시 주의점은 p.99를 보면 자세하게 알 수 있으니 복습해 둬.

자, 그럼 이를 토대로 새롭게 개정된 '항공법'을 살펴보자.
크게 나눠서 3개의 포인트가 있어.

POINT 1

'항공법' 제132조 제1호에 규정된 공역(空域)에 대한 변경

• •

'항공법시행규칙'에 따라 '항공법' 제132조 제1호 '항공기 운항의 안전에 영향을 줄 위험이 있는…(중략)…공역'이 추가되었다.

시행규칙!?

시행규칙이란 '법령 시행에 필요한 세부규칙이나 법률·정령 위임에 근거한 사항 등을 정한 규칙'을 말해. '법률'은 상황에 맞게 유연하게 대응하거나 시대 변화에 대응하기 위해 구체적이지 않은 문장으로 쓰여 있거든. 그래서 상세한 부분을 보충하기 위해 '시행규칙'이 필요해.

따라서, '항공법시행규칙' 제236조를 보면 이 '항공기 운항 안전에 영향을 줄 위험이 있는…(중략)…'이 구체적으로 무엇인지 알 수 있어.

부록: 일본의 2019년 항공법 및 항공법 시행규칙 전면 개정 포인트 해설

'항공법시행규칙' 제236조(비행 금지 공역)

법 제132조 제1호의 국토교통성 법령으로 정하는 공역은 다음과 같다.

1. 항공기의 이륙 및 착륙이 빈번히 실시되는 공항 등에서 안전하고 원활한 항공교통 확보를 도모할 필요가 있는 국토교통대신이 고시에서 정한 주변 공역으로 해당 공항 등 그 상공의 공역에서 항공교통의 안전을 확보하기 위해 필요한 것으로 국토교통대신이 고시로 정하는 공역

2. 전 호에 열거된 공항 등 이외의 공항 등 주변 공역으로서, 진입표면, 전이표면 또는 수평표면 또는 법 제56조제1항의 규정에 따라 국토교통대신이 지정한 연장진입표면, 원뿔표면 또는 바깥 수평표면 상공의 공역

3. 제38조 제1항의 규정이 적용되지 않는 비행장(자위대가 설치하는 비행장은 제외한다. 이하 동일) 주변 공역에서 항공기의 이륙 및 착륙 안전을 확보하기 위해 필요한 것으로서 국토교통대신이 고시에서 규정하는 공역

4. 전3호에 열거된 공역 이외의 공역으로 지표 또는 수면에서 150m 이상 높이의 공역

여기서 중요한 점은 '항공기의 이착륙이 많은 큰 공항'에서는 공항 부지 내의 상공에 가세해 항공기가 이착륙하는 데 필요한 진입표면, 혹은 전이표면 아래의 공역, 또는 공항 부지 상공의 공역도 해당하게 되었다는 거야.

여기서 '항공기의 이착륙이 많은 큰 공항'이란 구체적으로는 다음과 같습니다(국토교통성 고시 제460호).
신치토세공항, 나리타공항, 도쿄국제공항, 주부국제공항, 간사이국제공항, 오사카국제공항, 후쿠오카공항, 나하공항

POINT 2

'항공법' 제132조의 2에 4항목이 추가되어 각각 '제1호, 제2호, 제3호, 제4호'가 신설

> **항공법 제132조의2 (비행방법)**
>
> (중략)
>
> 1. 알코올 또는 약물의 영향으로 해당 무인항공기의 정상적인 비행을 할 수 없을 우려가 있는 동안에 비행하지 않을 것
> 2. 국토교통성령으로 정하는 바에 따라, 해당 무인항공기가 비행에 지장이 없는지 그 밖에 비행에 필요한 준비가 되어 있는지를 확인한 후에 비행하게 할 것
> 3. 항공기 또는 다른 무인항공기와의 충돌을 예방하기 위하여 무인항공기를 그 주위 상황에 따라 지상으로 하강시키거나 그 밖에 국토교통성령으로 정하는 방법으로 비행하게 할 것
> 4. 비행상 필요가 없음에도 고음을 내거나 급강하하는 등 타인에게 피해를 주는 방법으로 비행하지 않을 것
>
> (후략)

음주 비행 금지!
비행 전에는 점검·확인 필수!
항공기나 다른 드론과의 공중 충돌 예방!!!
위험한 비행은 금물!!!!
이란 뜻이네요.

맞아.
이건 엄수 사항이라 반드시 지켜야 해.

어!? '절대 NG'인 거네요.

맞아.
이번 개정에서 '절대 **NG**'인 게 생긴 거지.
이 4가지는 반드시 지켜야 해.

▼ 새로워진 제132조의 2조에서 이를 알 수 있다.

항공법 제132조의2(비행방법) [재게]

무인항공기를 조종하는 자는 다음에 열거하는 방법으로 이를 비행하게 하여야 한다. 단, 국토교통성령으로 정하는 바에 따라 미리 제5호부터 제10호까지에 열거하는 방법으로 드론 비행이 항공기의 항행과 안전, 지상과 수상의 사람 및 물건의 안전을 해할 우려가 없는 것에 대하여 국토교통대신의 승인을 받은 때는 그 승인을 받은 바에 따라 이를 비행하게 할 수 있다.

(이하 생략)

「승인을 받은 때는…(중략)…조종할 수 있다」 항목에 제1~4호는 해당하지 않으니까요!

POINT 3

항공법 제132조와 제132조의2를 위반한 경우의 처벌 변경

지금까지의 처벌은 모두 '50만 엔(한화 환산 약 500만 원) 이하의 벌금'뿐이었지만, 앞으로는 달라.

▼ '제157조의4'와 '제157조의5'의 조문에서 이를 알 수 있다.

> **항공법 제157조의4 (무인항공기의 비행 등에 관한 죄)**
>
> 제132조의2 제1호의 규정을 위반하여 도로, 공원, 광장 및 그 밖의 공공장소 상공에서 무인항공기를 비행하게 한 자는 1년 이하의 징역 또는 30만 엔(한화 환산 약 300만 원) 이하의 벌금에 처한다.
>
> **제157조의5**
>
> 다음 각 호의 어느 하나에 해당하는 자는 50만 엔(한화 환산 약 500만 원) 이하의 벌금에 처한다.
>
> 1. 제132조의 규정을 위반하여 무인항공기를 조종한 자
> 2. 제132조의2 제2호, 제3호 또는 제5호부터 제8호까지의 규정을 위반하여 무인항공기를 조종한 자
> 3. 제132조의2 제4호의 규정을 위반하여 도로, 공원, 광장 및 기타 공공장소 상공에서 무인항공기를 조종한 한 자
> 4. 제132조의2 제9호 규정을 위반하여 무인항공기로 동호의 물건을 수송한 자
> 5. 제132조의2 제10호의 규정을 위반하여 무인항공기에서 물건을 투하한 자

정리하면 이런 얘기야.
공공장소에서 알코올(약물) 상태로 조종한 경우
　　　→ 1년 이하 징역 또는 30만 엔(한화 환산 약 300만 원) 이하 벌금

그 밖에 '50만 엔(한화 환산 약 500만 원) 이하의 벌금'의 벌칙은 변화 없음

규칙을 이해하고 바르게 운항하면 되겠네요.

 맞아. 그런 거야.

Memo

만화로 쉽게 배우는 드론
원제 : マンガでわかるドローン

2021. 2. 2. 초 판 1쇄 발행
2021. 2. 9. 초 판 1쇄 발행

지은이	나쿠라 신고(名倉 真悟)
그 림	후카모리 아키(深森 あき)
감 역	공현철
역 자	이재덕
제 작	TREND PRO
펴낸이	이종춘
펴낸곳	**BM** (주)도서출판 성안당
주소	04032 서울시 마포구 양화로 127 첨단빌딩 3층(출판기획 R&D 센터) 10881 경기도 파주시 문발로 112 파주 출판 문화도시(제작 및 물류)
전화	02) 3142-0036 031) 950-6300
팩스	031) 955-0510
등록	1973. 2. 1. 제406-2005-000046호
출판사 홈페이지	www.cyber.co.kr
ISBN	978-89-315-8162-1 (17550)
정가	17,000원

이 책을 만든 사람들
책임	최옥현
편집 · 진행	이재덕
교정 · 교열	디엔터
전산편집	김인환
본문 · 표지 디자인	디엔터
홍보	김계향, 유미나
국제부	이선민, 조혜란, 김혜숙
마케팅	구본철, 차정욱, 나진호, 이동후, 강호묵
마케팅 지원	장상범, 박지연
제작	김유석

성안당 Web 사이트

이 책은 Ohmsha와 **BM**(주)도서출판 성안당의 저작권 협약에 의해 공동 출판된 서적으로, **BM**(주)도서출판 성안당 발행인의 서면 동의 없이는 이 책의 어느 부분도 재제본하거나 재생 시스템을 사용한 복제, 보관, 전기적 · 기계적 복사, DTP의 도움, 녹음 또는 향후 개발될 어떠한 복제 매체를 통해서도 전용할 수 없습니다.

■ 도서 A/S 안내

성안당에서 발행하는 모든 도서는 저자와 출판사, 그리고 독자가 함께 만들어 나갑니다.
좋은 책을 펴내기 위해 많은 노력을 기울이고 있습니다. 혹시라도 내용상의 오류나 오탈자 등이 발견되면 **"좋은 책은 나라의 보배"**로서 우리 모두가 함께 만들어 간다는 마음으로 연락주시기 바랍니다. 수정 보완하여 더 나은 책이 되도록 최선을 다하겠습니다.
성안당은 늘 독자 여러분들의 소중한 의견을 기다리고 있습니다. 좋은 의견을 보내주시는 분께는 성안당 쇼핑몰의 포인트(3,000포인트)를 적립해 드립니다.
잘못 만들어진 책이나 부록 등이 파손된 경우에는 교환해 드립니다.